JN301650

海技士1・2E
口述対策問題集

独立行政法人海技教育機構
海技大学校機関科教室 編

海文堂

はしがき

　2級海技士（機関），1級海技士（機関）の海技免状の筆記試験合格者を対象とした口述試験対策問題集として，過去に出題された問題の中から標準的なものを選び，海技大学校機関科教室の当時の教員（池西賢治・伊丹良治・大西正幸・木内智久・城戸八郎・古賀龍一郎・佐藤圭司・島崎勝巳・角和芳・前田潔・武藤登）により『機関科一級・二級口述標準テスト』が執筆された経緯があります。それから6年以上が経過し，安全運航や大気汚染に関する国際海事機関（IMO）に関連する規則の制定改廃，省エネ機関・プラントの導入，船用燃料油・機関性能値の変化など，船舶機関士を取り巻く環境は大きく変化しています。本書は，それらのことを配慮しながら同書を全面的に再編集したもので，現状にそぐわない問題を削除して新問を加え，解答で不明瞭や不備なところを修正して分かりやすく解説しています。

　口述試験の内容は筆記試験に準じているため，2級と1級に関しては若干の違いはありますが，ほぼ同じ内容の問題ですので，問題の分別はしていません。しかし，1級の場合は上級の海技免状の試験ですので，解答はより高度な論理的な説明が要求されます。したがって，十分に理解して解答する必要があるので，自分の言葉で解答できるように必要な部分の解答を補足するようにしてください。同時に，解答を口に出して言うような訓練をすることをお勧めします。また，試験では黒板に図を描き説明を求められることもありますので，本書に記載されている図を簡単に描く練習もしておいてください。

　なお，法規の解答は，国際条約を除いて条文が記載されている法令箇所だけをあげていますので，受験時に使用する『海事六法』を用意し，実際に記載されている条文の内容を確認しておいてください。

　本書が読者の皆様方のお役に立ち，希望の海技免状を取得されることを切に願っています。

平成23年8月

伊丹　良治

■ 執筆者一覧

海技大学校機関科教室
　ディーゼル機関……………………佐藤歩美
　　　　　　　　　　　　　　　　　永井義和
　蒸気タービン………………………野尻良彦
　ボイラおよびタービンプラント…伊丹良治
　プロペラ装置………………………池西憲治
　補機…………………………………近藤宏一
　電気および電子工学………………角　和芳
　自動制御……………………………前田　潔
　燃料および潤滑……………………伊丹良治
　　　　　　　　　　　　　　　　　桑島隆志
　熱力学………………………………野尻良彦
　材料力学……………………………藤谷達也
　金属材料……………………………池西憲治
　造船工学……………………………池西憲治
　執務一般……………………………江口俊彦
　海事法規……………………………江口俊彦

目　次

機関-1

1　ディーゼル機関 …………………………………………………… *2*
　　1-1　ディーゼル機関の理論 ……………………………… *2*
　　1-2　ディーゼル機関の構造 ……………………………… *9*
　　1-3　ディーゼル機関の運転および取扱い ……………… *23*
　　1-4　ディーゼル機関の損傷・点検・整備 ……………… *41*

2　蒸気タービン ……………………………………………………… *49*
　　2-1　蒸気タービンの理論 ………………………………… *49*
　　2-2　蒸気タービンの構造 ………………………………… *56*
　　2-3　蒸気タービンの運転・取扱い ……………………… *63*
　　2-4　蒸気タービンの安全・点検・検査 ………………… *69*
　　2-5　蒸気タービンの関連機器・その他 ………………… *73*

3　ボイラおよびタービンプラント ………………………………… *75*
　　3-1　ボイラの基礎 ………………………………………… *75*
　　3-2　ボイラの種類と構造 ………………………………… *76*
　　3-3　燃料および燃焼装置 ………………………………… *80*
　　3-4　ボイラの自動制御 …………………………………… *85*
　　3-5　給水およびボイラ水 ………………………………… *88*
　　3-6　ボイラの取扱い ……………………………………… *94*
　　3-7　タービンプラント …………………………………… *99*

4　プロペラ装置 ……………………………………………………… *103*
　　4-1　軸系 …………………………………………………… *103*
　　4-2　船尾管 ………………………………………………… *107*
　　4-3　プロペラ ……………………………………………… *111*

機関-2

5　補機 ………………………………………………………………… *120*
　　5-1　ポンプ ………………………………………………… *120*
　　5-2　空気圧縮機 …………………………………………… *124*
　　5-3　冷凍装置 ……………………………………………… *125*
　　5-4　空気調和装置 ………………………………………… *129*
　　5-5　油清浄機 ……………………………………………… *130*
　　5-6　造水装置 ……………………………………………… *132*

	5-7	油圧装置 ································· *133*
	5-8	甲板機械 ································· *135*

6 電気および電子工学 ································· *138*

	6-1	交流回路 ································· *138*
	6-2	同期発電機の構造と運転特性 ············· *139*
	6-3	同期発電機の並列運転 ··················· *145*
	6-4	配電装置 ································· *148*
	6-5	誘導電動機 ······························· *150*
	6-6	変圧器 ···································· *159*
	6-7	電子工学 ································· *160*

7 自動制御 ··· *166*

機関-3

8 燃料および潤滑 ··································· *172*

	8-1	燃料油 ···························· *172*
	8-2	潤滑油 ···························· *180*

9 熱力学(SI 単位系) ································ *193*

10 材料力学 ·· *197*

11 金属材料 ·· *203*

	11-1	鉄鋼材料 ························· *203*
	11-2	非鉄金属材料 ··················· *208*

12 造船工学 ·· *210*

執務一般

13 当直・保安および機関一般 ····················· *216*

14 船舶による環境の汚染の防止 ·················· *226*

15 損傷制御 ·· *229*

16 船内作業の安全 ··································· *230*

17 海事法令および国際条約 ························ *231*

	17-1	船員法および同施行規則 ························ *231*
	17-2	船員労働安全衛生規則 ···························· *233*
	17-3	船舶職員及び小型船舶操縦者法および同施行規則 ········ *234*
	17-4	海難審判法および同施行規則 ·················· *236*
	17-5	船舶安全法およびこれに基づく省令 ········· *236*
	17-6	国際条約 ·· *240*

 機関-1

1 ディーゼル機関

1-1 ディーゼル機関の理論

問1 ディーゼル機関の理論熱サイクルは何と呼ばれるか。また理論熱効率を高める方法を説明せよ。

答 現在の無気噴射式ディーゼル機関の理論熱サイクルは、複合サイクルまたはサバテサイクルと呼ばれるもので、その理論熱効率は、圧縮比、最高圧力比および締切り比の関数として表される。理論熱効率を高くするには、圧縮比、最高圧力比を大きく、また締切り比を1に近づければよい。

問2 理論熱効率とは何か説明せよ。

答 ガスの吸入→圧縮→燃焼→排気という1サイクルの中で、理論サイクルに基づいて予測できる仕事量を理論仕事という。
　理論熱効率とは、機関に供給された熱量のうち、理論仕事に変わった熱量の割合をいい、次式で表す。
　　　理論熱効率＝理論仕事×仕事の熱当量÷機関に供給された熱量

問3 ディーゼル機関において、理論上は圧縮比が高いほど熱効率が上がるが、実際にはあまり高い圧縮比とすると、かえって熱効率が低下するのはなぜか。

答 1つは、圧縮比を上げるに従いシリンダ内最高圧も上がり、軸受荷重の増加などにより機械効率が低下すること。もう1つは、圧縮比を大きくすることにより、シリンダの隙間容積が小さくなり、燃焼の悪化を招くことである。

1 ディーゼル機関

問4 主機の出力の種類と定義を述べよ。

答
- 連続最大出力（Maximum Continuous Output）：機関が安全に連続使用できる最大の出力であって，これを強度計算の基礎とし，主機の呼び出力とする。
- 常用出力（Normal Output）：航海速力を得るために常用する出力で，機関の効率と保全との上から経済的な出力とする。
- 過負荷出力（Over-Load Output）：連続最大出力を超えて短時間使用できる出力とする。
- 後進出力（Astern Output）：船の後進時における最大の出力とする。

問5 制動馬力とは何か。

答 制動馬力とは軸馬力ともいい，クランク軸に表れる動力のことで，機関の出力端で動力計で計測した出力のことである。シリンダ内で発生した図示仕事から，各運動部たとえばピストンの摺動摩擦やピストンピン，クランクピン，主軸受などでの摩擦損失，直結ポンプやカム軸などの駆動に必要な補機駆動損失などを差し引いて，実際に機関主軸から取り出すことのできる出力のことである。

問6 制動馬力の求め方を述べよ。

答 制動馬力の求め方は，陸上試運転時に動力計を用いて，次式にて算出する。

$$B = \frac{2\pi WLN}{60 \times 1000}$$

B：制動馬力 [kW]
W：動力計にかかった荷重 [N]
L：動力計のレバーの長さ [m]
N：機関回転数 [min^{-1}]

また，海上運転時には直接制動馬力を計測できないため，まず図示出力を

求め，これに機械効率を乗じて算出する。

> **問7** 航海中に図示出力を求める場合，どのようにするのか説明せよ。

答 図示出力を求めるには，まず機関の全シリンダの P–V 線図を採取する。その線図から10等分法あるいはプラニメータを用いた面積法にて図示平均有効圧を算出し，次式にて1気筒当たりの図示出力を計算する。これを全シリンダについて求め，すべてを合算したものが，その機関の図示出力となる。

2サイクル機関　$I = \dfrac{P_i \times L \times A \times N}{600}$

4サイクル機関　$I = \dfrac{P_i \times L \times A \times N}{600 \times 2}$

I：図示出力［kW］
P_i：図示平均有効圧［MPa］

$(1\,\text{MPa} = 10^6\,\text{Pa} = 10^6\,\text{N/m}^2 = 100\,\text{N/cm}^2 = \dfrac{1}{10}\ \text{kN/cm}^2)$

L：ストローク［m］
A：ピストン断面積［cm^2］
N：機関回転数［min^{-1}］

> **問8** 機械式インジケータ（マイハック型）で採取できるインジケータ線図の種類にはどのようなものがあるか。またそれらの線図から何を知ることができるか。

答 機械式インジケータによって採取するインジケータ線図は，一般に次の3種類である。
- 連続圧力線図：インジケータコードを少しずつゆっくり引くことにより，最高圧を示す縦線を10本程度描かせる。これにより，機関のシリンダ内最高圧の値およびサイクル毎のばらつきが判定でき，主に燃料噴射系の状

1 ディーゼル機関

態を推定できる。
- 手引き線図（Draw Curve）：インジケータのペン先が一往復する間にインジケータコードを引ききり，カードに $P\text{-}\theta$ 線図を描かせる。これにより，着火時期の適否，ディーゼルノックの有無など燃焼状態を判定できる。
- たび型線図（$P\text{-}V$ 線図）：インジケータコードをタイミングロッドなどにつなぎ，シリンダ容積の変化に合わせてシリンダ内圧の変化を描かせる。この線図をもとに当該シリンダの図示平均有効圧を求め，図示出力を算出できると共に，シリンダ毎の出力のばらつきを判定できる。

【解説】インジケータ線図には上記のほか，極めて弱いインジケータスプリングを取り付けて撮取する弱バネ線図がある。これは，弱いバネを用いることにより，たび型線図の大気圧付近を拡大して描かせるもので，吸気弁および排気弁の開閉時期が適正であるか否かの判定に使われる。

問9 機関の出力率とは何か。また最近の2サイクル大型機関ではどの程度か。

答 出力率は JIS-B0108 で機関の正味平均有効圧とピストン平均速度との積と定義されている。すなわち，正味平均有効圧を P_me，ピストン平均速度を V_m で表すならば，出力率 C は次式で表される。

$$C = P_\mathrm{me} V_\mathrm{m}$$

出力率の意味するところは，機関のピストン単位面積当たりに出せる出力の大きさを表すもので，機関の出力性能の評価に使われる。また，出力率の大きさは機関の熱負荷の大きさを推定する基準ともなる。

最近の2サイクル大型機関では，P_me が $1.8\sim1.9\,[\mathrm{MPa}]$，$V_\mathrm{m}$ が $7\sim8.5\,[\mathrm{m/s}]$ であるから，出力率の大きさは，おおむね $15\,[\mathrm{MPa\cdot m/s}]$ 程度である。

【解説】出力率の意味を機関の出力計算式から考えてみる。

機関の正味出力 $N_\mathrm{e}\,[\mathrm{kW}]$ は次式で表される。

$$N_\mathrm{e} = \frac{P_\mathrm{me} \times L \times A \times n}{10 \times 60}$$

ここで，L は機関のストローク $[\mathrm{m}]$，A はピストン面積 $[\mathrm{cm}^2]$，n は機関回転数 $[\mathrm{min}^{-1}]$ である。

問10　平均ピストン速度とは何か。またその計算式と単位を述べよ。

答　ある一定回転数で運転中のディーゼル機関のクランクピンは，クランク軸心の回りを同じ速度で回転しているが，クランクピンと連接されたピストンは，上死点，下死点間を同じ速度で往復していない。ピストンの速度は上死点で零であり，クランク腕と連接棒が約90度をなす点で最大となり，再び下死点で零となる。このようにピストンの速度は刻々と変化しており，行程移動中の速度を平均化したものを平均ピストン速度といい，機関速度の比較の目安としている。単位は毎秒メートルで表す。

$$\text{平均ピストン速度}：C_\text{m}[\text{m/s}] = \frac{N}{60} \times S \times 2 = \frac{SN}{30}$$

　　S：ストローク[m]
　　N：機関回転数[min^{-1}]

問11　機械効率はどのように定義されているか。また機械損失の内容を大きな方からあげよ。

答　機械効率は機関の正味出力と図示出力との比と定義されている。すなわち，機関のシリンダ内で作動流体である燃焼ガスがピストンに対してする仕事のうちどのくらいが機関の出力軸端から有効な仕事として取り出せるかを表すものである。

　ここで，図示出力と正味出力との差を機械損失または摩擦損失といい，この損失の中で最も大きなものはシリンダの摩擦，次に軸受部の摩擦である。このほかには，カム軸の駆動力や直結補機の駆動力などが含まれる。

問12　機関の出力増大の方法にはどのようなものがあるか。またそれぞれの問題点は何か。

答　機関の出力増大法を考える場合，出力計算式（プランフォーミュラ）を基にすれば考えやすい。すなわち，機関出力 N_e は，$N_\text{e} \propto P_\text{e} \times L \times A \times n$ で表さ

れるから（問 9 の解説参照），機関の出力を上げるには，4 つの方法があることがわかる。それぞれの方法とその問題点をあげると次のとおりである。
- 正味平均有効圧を高くする：これは，具体的には過給を意味するものである。高過給により高出力が得られるが，これに伴い機関燃焼室の熱負荷の増大および軸受荷重の増大という問題が生じる。
- ストロークを伸ばす：単純にストロークを伸ばすことは機関の大型化，重量化につながる。
- シリンダ径を拡げる：これも機関の大型化，重量化につながる。
- 回転数を上げる：高回転化に伴い，往復運動部および回転運動部の慣性力が増大し，軸受に過大な荷重がかかる。また，ピストン速度の増加により，シリンダ潤滑も困難となる。

問 13 性能曲線とは何か。また何が表されているのか説明せよ。

答 性能曲線とは，機関の陸上試運転時のさまざまな項目の測定結果をグラフで表したもので，通常，機関負荷を 25％，50％，75％，100％，110％に変化させて横軸に示し，それぞれの負荷における各部の温度，圧力，回転数，その他の項目を縦軸で示したものである。性能曲線は工場試運転時の成績を表しており，この数値は機関が最も良好な状態であることから，現在の機関の運転状態を把握するうえで非常に重要である。主な測定項目には，以下のものがある。

　主機回転数，過給機回転数，機械効率，図示平均有効圧，正味平均有効圧，掃気圧，シリンダ最高圧，シリンダ出口排気温度，過給機出口排気温度，燃料消費量，燃料消費率，ポンプマークなど。

問 14 線図係数とは何か説明せよ。

答 ガスの吸入→圧縮→燃焼→排気という 1 サイクルの中で，理論サイクルに基づいて予測できる理論仕事のうち，燃焼室内で実際になされた図示仕事に変わった割合を線図係数といい，実際のサイクルがどの程度理論サイクルに

近づいているかを示すものである。次式で表される。

$$\text{線図係数 } \eta = \frac{\eta_i}{\eta_{th}} = \frac{W_i}{W_{th}}$$

η_{th}：理論熱効率　　W_{th}：理論仕事
η_i：図示熱効率　　W_i：図示仕事

問16 燃料消費率とは何か。また最近のディーゼル機関の値はどのくらいか。

答 燃料消費率とは，1 正味馬力 1 時間当たり消費する燃料の重量を表したものであり，次式で表される。単位は g/kW・h を用いる。

$$\text{燃料消費率 } b_e = \frac{1000 \times B}{\text{BkW}}$$

B：1 時間当たりの燃料消費量 [kg/h]
BkW：正味馬力 [kW]

燃料消費率は，出力やサイズの違う機関の性能を比較するのに便利である。最近の舶用ディーゼル機関の燃料消費率の値は，低速大型の 2 サイクル機関で 160〜175 g/kW・h，中型・大型の 4 サイクル機関で 169〜186 g/kW・h 程度である。

問16 燃料消費率と正味熱効率の間には，どのような関係があるのか説明せよ。

答 正味熱効率は，次式で表される。

$$\text{正味熱効率 } \eta_e = \frac{3600 \times \text{BkW}}{B \times H_u \times 1000} = \frac{3.6 \times \text{BkW}}{B \times H_u} \quad \cdots\cdots ①$$

BkW：正味馬力 [kW]
B：1 時間当たりの燃料消費量 [kg/h]
H_u：燃料 1 kg 当たりの真（低位）発熱量 [MJ/kg]

また，燃料消費率は次式で表される。

燃料消費率 $b_e = \dfrac{1000 \times B}{\text{BkW}}$ ……②

②式より

$$B = \dfrac{b_e \times \text{BkW}}{1000}$$

①式に代入すると次のとおりとなる。

$$\eta_e = \dfrac{3600}{b_e \times H_u}$$

問17 空気過剰率とは何か。またその数値はどのくらいか述べよ。

答 1kgfの重さの燃料油を完全燃焼させるために必要な空気量を理論空気量という。実際の燃焼室内では，極めて短時間に燃料を燃焼させなければならないため，理論空気量だけでは完全燃焼を行うことはできない。燃料を完全燃焼させるためには，理論空気量より多めの空気を機関に供給しなければならないが，この供給空気の過剰割合を空気過剰率といい，次式で表す。

$$\text{空気過剰率} = \dfrac{\text{実際に供給する空気量}}{\text{理論空気量}}$$

大型2サイクル，4サイクルディーゼル機関の空気過剰率は，全負荷運転時で2前後であるが，部分負荷時は燃料噴射量が減少するので幾分増加する。

1-2 ディーゼル機関の構造

問1 クロスヘッド型機関はトランクピストン型機関と比較してどのような利点があるか。

答 トランクピストン型機関ではピストンに作用する爆発圧の一部が側圧としてシリンダ壁面を押す力となる。この側圧が大きくなるとシリンダ潤滑に悪影響を与え，ライナやリングの摩耗を促進したり，場合によってはライナに

スカフィングなどの重大な損傷を与えることとなる。高出力機関ではこの側圧を小さく抑えることが困難であるから，側圧を熱の影響を受けず，潤滑しやすい場所に移す必要がある。これがクロスヘッド型機関の本来の目的である。

　すなわち，クロスヘッド型機関においては，側圧を潤滑上困難をきたす高温なシリンダからクロスヘッド部に移すことで，シリンダの潤滑を良好に保つことができる。また，クロスヘッド型とすることで，ピストンロッドは上下にしか動かないから，適当なシール（実際にはスタフィンボックスを使用）をすることにより，シリンダ下部（ランタンスペース）とクランク室とを隔絶した構造とすることができる。これにより，ブローバイによるクランク室爆発が防止できると共に，システム油への燃焼生成物の混入が防止できるので，システム油の劣化も抑制でき，とくにシステム油を大量に使用する大型機関ではメリットが大きい。

問2　排気ターボ過給の動圧方式，静圧方式とはどういうことか。またその得失は何か。

答　排気ターボ過給には動圧方式と静圧方式がある。

　動圧方式は，シリンダから排出される排気の持つ排気吹出し（ブローダウン）エネルギをタービンの駆動に利用するもので，ブローダウンエネルギの損失を少なくするために，シリンダからタービン入口までの排気管は短くかつ曲がりを少なくする必要がある。また，排気干渉を防ぐために，排気管は着火順序を考慮して2～3シリンダずつ群分け配管する必要がある。このため，タービンに流入する排気は間欠的な部分流入になり，タービン効率は静圧方式と比べて低い。しかし，ブローダウンエネルギを無駄なくタービンに導いているため，機関始動後の過給機の立上がりが早く，負荷変動時の応答性もよい。

　一方，静圧方式は全シリンダの排気を適当な容量を持つ排気集合管に導き，ブローダウンエネルギを熱エネルギに変換して一定圧としてタービンに導くものである。この場合，ブローダウンエネルギの相当部分を損失として失うことは避けられない。しかし，タービンへ流入する排気は，連続的な全周流入となるため，高いタービン効率が得られる。

1　ディーゼル機関

　　大型 2 サイクル機関ではほとんどすべて静圧方式が採用されているが，これは現在のような高い過給度（NCO で 2.0 以上）では，静圧方式のほうが高い過給機効率が得られるからである。

> **問3**　ユニフロー掃気とはどのような掃気方式か。また他の掃気方式と比べてどのような点が優れているか。

答　ユニフロー掃気は，シリンダ下部全周に設けられた掃気ポートから掃気を送り込み，シリンダヘッドに設けられた排気弁から排気を排出する掃気方式である。この場合，掃気ポートはライナ壁に対して斜めにポーティングしてあり，流入する掃気はシリンダ内周に沿う旋回流をつくり，ライナ壁面近傍の燃焼ガスを効率良く掃除できるよう工夫されている。

　ユニフロー掃気の利点は次のようなものである。

ⓐ　掃除効果が高く，新気の素通りも少ないため，もともと掃気効率は最も高い。

ⓑ　シリンダ全周に掃気ポートを設けるため，ポート高さが低くても十分なポートの開口面積が得られる。このためポート高さを低くでき，その分，機関の有効行程が大きくなる。

ⓒ　昨今のロングストローク機関においては，他の方式（横断，ループ）では掃気効率が極端に悪化するが，ユニフロー方式では十分な時間さえ与えてやれば，掃気効率はわずかながら良くなる。すなわち，ロングストローク機関においてはユニフロー方式のみが適用できる。

ⓓ　もともと非対称掃気であるため，排気弁タイミングを調整することにより，ブローダウン期間および過給タイミングの調整が容易に行える。

【解説】最近の低速 2 サイクル機関においては，すべての機種でユニフロー掃気が採用されている。これは，上記解答の中でも述べたとおり，今日のような極めて長行程の機関においては，他の掃気方式を採用できないという事情による。

　　また，上記ⓓに挙げた，非対称掃気であるメリットをあえて活かさず，排気弁の開閉タイミングを下死点に対して対称にし，1 枚の排気カムで前後進兼用できるようにしてカムの数を減らし，機械効率の向

上を図っている。

> **問4** 機関のロングストローク化はどのようなメリットを目的としているのか。またロングストロークの程度は何によって表すのか。

答 一般的には，機関のロングストローク化は機関の出力増大法の1つとして位置付けられるが，昨今のロングストローク化の目的はそうではない。すなわち，昨今のロングストローク化の目的は，ストロークを伸ばすことにより，機関の回転数を下げることにある。出力計算式から明らかなように，機関出力を一定とするならば，ストロークを伸ばす割合に対応して機関回転数を下げることができる。すなわち，2割ストロークを伸ばせば，回転数を2割下げることができる。

機関回転数の低減がもたらすメリットは2つあり，1つは，機関回転数の低減に応じてプロペラ回転数も下げ，推進効率の向上が図れること，もう1つは，機関回転数の低減により，同一クランク角度回るのにかかる絶対時間が延びるため，掃気や燃焼に時間的余裕ができ，機関自体の熱効率も改善されることである。

ロングストロークの程度を表すのに，行程内径比 S/D（ストロークボア比）が用いられる。すなわち，機関のストローク長さをシリンダ内径で割った数値である。従来，通常の2サイクル大型機関では，S/D の値は2.2程度までであったが，ここ20年程度の間に徐々に S/D の値が大きくなり，一概には言えないが，S/D が2.5を超えるような機関をロングストロークの範ちゅうに入れているようである。最近では，S/D が3.8を超える機関も出現している。

【解説】 ロングストローク機関は前述のように，プロペラの推進効率の向上，機関の熱効率の改善により，燃料消費率の低減を実現しているが，ロングストローク化に伴い，いくつかの問題も取り上げられている。

すなわち，低回転大直径プロペラの採用による軸系縦振動の顕著化，機関高さの増大による架構振動の増大やピストン抜出しスペース確保の困難，超低回転による軸受潤滑の困難などが大きな問題とされている。

1 ディーゼル機関

問5 ディーゼル機関の燃焼室設計の概念で機熱分離とはどのような考え方か。また具体的にはどのような構造を言うか。

答 機関の燃焼室構成部材は運転中，主に爆発圧力による機械的荷重と燃焼熱による熱負荷を同時に受け，機械的応力と熱応力とが同時に作用している。これらの応力と燃焼室壁の厚さとの関係は，機械的応力にあってはその大きさは壁厚に反比例し，熱応力にあっては，その大きさは壁厚に比例する。したがって，これら2つを合わせた合成応力は，ある壁厚の時に最少となるような，極少点を持つ曲線になる。

　従来の設計思想では，このような機熱合成応力が最少となるような壁厚を基準として設計する，いわゆる合成応力最少という考え方が主流であった。しかし，今日のように極めて高い熱負荷を受ける機関では，このような考えに基づく構造では大きな熱応力に耐え切れないことから，設計思想の転換を余儀なくされた。すなわち，機熱合成応力を対象とするのではなく，機械的応力と熱応力とを分離して対象とする考え方であり，これを機熱分離という。

　この機熱分離に基づく構造には2つの形式がある。すなわちストロングバック方式とボアクール方式である。ストロングバックでは，例えば，シリンダヘッドを上下2分割とし，大きな熱負荷を受ける触火面には熱応力を小さくするために薄いインナーヘッドを設け，これをガス圧に耐えるように上部から頑丈なアウターヘッドで押さえ込み，機械的強度を補う構造となっている。これに対し，ボアクール方式では，耐熱部材と補強部材とを分けずに，シリンダヘッドを1ブロックとして，触火面近傍に冷却水通路を設け，この通路を境として耐熱部と補強部の役割を持たせている。このボアクール方式が最新の燃焼室構造である。

問6 タイロッド（テンションボルト）を採用する目的は何か。

答 タイロッドは機関のシリンダブロック，架構（フレーム），台板（エンジンベッド）を一括して締めるボルトである。タイロッドによってこれら構造部を一括して締めることにより，機関停止中には締付けによる圧縮力が構造

部にかかるが，運転中には爆発圧による引張りが主にタイロッドに作用し，構造部の圧縮力はやわらぐことになる。このように，タイロッドは本来機関構造部にかかる引張り荷重を肩代わりすることで，構造部の引張り荷重を軽減する目的で採用される。また，構造部の荷重軽減により構造部の肉厚を減じ，軽量化を図れる。

【解説】機関の構造上，タイロッドはシリンダ中心線から一定の距離を置いて取り付けられるため，運転中には構造部のシリンダ中心線に当たる部分，とくに台板中央部には曲げがかかる。この曲げ荷重を小さくするためには，タイロッドをできるだけシリンダ中心に寄せた方が良い。この場合，主軸受キャップボルトの位置により制限を受けるが，主軸受の取付けをキャップボルトを用いないジャッキボルト式とすればさらに中心に寄せることができる。

問7 クランクピンボルトの特徴は何か。また，開放時にはどのような点検を行うか。

答 クランクピンボルトには，機関運転中に変動荷重がかかる。とくに4サイクル機関においては，排気行程終わりの上死点において，往復運動部の慣性により，強い引張り荷重がかかるので，変動荷重の振幅は極めて大きなものである。

このように，クランクピンボルトは典型的な疲労部材であるため，その形状は強度維持の上から重要である。

すなわち，クランクピンボルトには，通常のリーマボルトではなく，引張り荷重の繰返しに耐えるように，リーマ部とそれより細い部分とを組み合わせた，いわゆる段付きリーマボルトが用いられる。この場合，ボルトの小径部はリーマ部の径の8割程度とされ，小径部とリーマ部との段差部には，応力集中を避けるためにR付け（ラウンディング）がされている。

また，運転中にボルト首部に過大な曲げ荷重がかからないように，ボルト頭部の張出し（頭部直径）は最小限に抑えられている。クランクピン軸受開放時には，クランクピンボルトの点検を行うが，この際の点検事項としては，ボルトの伸び，リーマ部表面の傷，ラウンディング部の亀裂，ネジ谷部のき

裂などである。2サイクル機関の場合にはボルトに異常がなければ継続使用できるが，4サイクル機関の場合には，ボルトに異常が認められなくても20000時間程度で新替しなければならない。

> **問8** 連接棒大端部の形状にはどのようなものがあるか。また斜め割りクランクピン軸受を採用する場合の利点は何か。

答 連接棒大端部の形状には，大端部自体がクランクピン軸受の軸ハウジングになったもの，大端部と軸受ハウジングとは切り離されており，間にフートライナ（コンプレッションシム）を挟んで，圧縮比の調整ができるようにしたものおよび斜め割クランクピン軸受のハウジングになっているものの3種類がある。

斜め割構造とすることにより，クランクピンボルトに運転時に作用する引張り荷重が軽減されるので，ボルトの径を細くして，ムービングパーツの軽量化が図れるから高速機関においては積極的に採用される。また，大端部を斜めにすることで，水平の場合よりも連接棒をシリンダを介して上部へ抜き出すことも容易になる。

ただし，斜め割れにすることにより，水平割の場合には生じなかったキャップ接合面に平行な力は，そのままではボルトにせん断力を加えることになるので，この力を打ち消すため，接合部の合わせ面は歯形のかみ合い（セレーション）とする。

> **問9** 2サイクル大型機関で一般的になっている油圧駆動排気弁は何を目的として導入されたのか。また利点は何か。

答 従来のプッシュロッドロッカーアーム方式の機関において，排気弁動弁系の故障の多くは，オイルクッションの破損やバルブフェース，バルブシートの亀裂，剥離などその原因が機械的衝撃に由来するものが多かった。これを改善することを目的として油圧駆動式が導入されたのである。

すなわち，従来の方式では，排気カムから排気弁に至る間に機械的に接触

あるいは連結された部分が3カ所（カムとカムローラー，プッシュロッドとロッカーアーム，ロッカーアームと弁棒）あるが，油圧駆動とすることにより，これをカムとカムローラーの接触部1カ所に減らすことができる。その結果，機械的な衝撃がやわらぐと共に，駆動時の音響も抑えることができる。

また，油圧駆動排気弁では弁棒の膨張は油圧系で吸収されるから，従来のようにタペットクリアランスの調整も必要ない。

さらに，従来の方式ではロッカーアームの端が弁棒を押す方向はやや斜め下になることから，弁棒の頭部の摩耗や弁棒にスラストがかかるために生じる弁棒ガイドの偏摩耗を避けることができなかったが，油圧駆動では真下向きに弁棒を押せるのでこのような問題は生じない。

また，油圧駆動式でエアースプリングを採用すると，弁棒の回転を拘束するものがないから，従来のようなバルブローテータなど，強制的な弁の回転装置を用いることなく，弁の回転が行われる。

問10 クロスヘッド型機関におけるスタフィングボックスとは何か。またどのような役目をするのか述べよ。

答 スタフィングボックスとはクランク室と掃気室ピストンロッドの貫通部分に設けているシール装置である。役目は掃気がクランク室に漏れるのを防ぐこととクランク室の潤滑油が掃気室に流入するのを防ぐことである。

問11 バランスウェイトの役目は何か。

答 往復動機関は，運転中に回転部分の不釣合な遠心力や，往復部分の不釣合な慣性力により振動を生じる。この振動を残したまま運転すると，機関故障の原因となるので，これらを取り除き，あるいは軽減させて円滑な回転が行えるようクランクアームのピンと反対側に取り付ける重りのことである。

問12 燃料噴射ポンプの種類を述べよ。

1　ディーゼル機関

答　舶用ディーゼル機関において採用される燃料噴射システムは，そのほとんどが，各シリンダ毎に燃料噴射ポンプと噴射弁を備える独立ポンプシステムである。実用されている燃料噴射ポンプは，プランジャの行程は一定とし，送出し油の一部を吸入側に逃がすことで噴射量の制御をする方式で，その逃がし方によって次の2種類に分類される。

- スピル弁式

　この方式では，プランジャの突上げ行程の途中でスピル弁を強制的に開けて油を吸入側へ逃がす構造となっている。このときスピル弁はスピルロッドで支えられており，スピルロッドの下端に設けた隙間の大きさでスピル弁の開く時期を制御することができる。

- ボッシュ式

　この方式では，プランジャに設けられた斜め溝（リード）と，バーレルに設けられた逃がし孔との出会う時期を変えることで噴射の終わりを制御する。運転中にプランジャはラックピニオン機構によって回転させる構造になっており，ラック位置に応じて噴射終わりの時期が決定される。この方式では，吸入弁が不要であるため，高速機関には極めて有利である。

問13　ピストンヘッドの材質は何か。

答　ピストンヘッドの材質として要求される性質には以下のものがある。
- 耐熱耐圧性のもので，耐久力が大きいこと
- 熱の伝導度が良いこと
- 熱膨張係数がシリンダに近いこと
- 慣性力軽減のため，軽量であること

　これらのことから，低速機関にはクロムモリブデン鋼がよく使われる。中速機関では，スカート部が鋳鉄でクラウン部が鋼の組合せ型がよく採用される。高速機関ではアルミニウム合金が多く用いられる。

問14　排気弁の材質は何か。

|答| 排気弁の材質として求められる性質には以下のものがある。
- 耐熱性の高いこと
- 温度の急変により変形しないこと
- 燃焼生成物により腐食しないこと耐摩耗性の高いこと
- 加工が容易で熱処理しやすいこと

　これらから一般にニッケルクロム鋼または耐熱鋼が採用される。また，シート部にはステライトを溶着することが多い。

問15　ピストンリングの材質は何か。

|答| 中高速機関のピストンリングは，一般には鋳鉄により作られるが，用途によっては鋼製もある。面圧の高い第一リング，油掻きリングは耐摩耗性向上のため，硬質クロムメッキを施すこともあるが，摺動面の初期なじみが悪くなるので注意が必要である。クロムメッキを施したシリンダに対しては，メッキなしのリングを組み合わせる必要がある。

　低速大型機関のピストンリングは，片状黒鉛パーライト鋳鉄が多く用いられるが，耐摩耗性を向上させるために，リン，ボロンなどの添加物により，パーライト基地の中に複合炭化物を均一に分布させたものを用いることもある。また，折損防止のために球状黒鉛鋳鉄が用いられることもあるが，耐摩耗性や耐焼付き性が片状黒鉛鋳鉄より劣ることがあるので，摺動面にはモリブデン系材料を溶射したり，クロムメッキしたりする。モリブデン系溶射リングはクロムメッキリングよりも耐焼付き性は優れているが，シリンダライナの異常摩耗を誘起することがあるので注意を要する。

問16　主軸受の材質は何か。

|答| 主軸受は衝撃力に近い力を受けるので強度の高い材質にしなければならず，またクランク軸の回転する部分は摩擦を少なくさせなければならない。このため主軸受裏金には鍛鋼や鋳鋼を使用し，これにホワイトメタルを鋳込むのが普通であるが，最近は，機関の馬力増加にともない軸受荷重の高いも

のが要求されており，トリメタルが採用されてきている。

問 17 トリメタルとはどのようなメタルか。またその特質は何か。

答 トリメタルとは，その名が示すとおり（トリはTriで，数字の3を表す），3層構造のメタルである。すなわち，鋼製の裏金（バックメタル）にケルメットの薄層を鋳込んで中間層とし，その表面に0.02〜0.05mm程度の極めて薄いホワイトメタルあるいはAg系合金，Pb-Sn系合金の層を張り付けたものである。トリメタルはもともと，軸受メタル材としてのケルメットの優れた性質を活かし，その欠点である，なじみの悪さを補うことを目的として作られたものであるから，潤滑状態が良好であれば，極めて高い性能を示す。すなわち，ホワイトメタルと比較すると，強度の点からは，ホワイトメタルの2〜3倍の軸受荷重に耐え，またその熱伝導率の良さから，使用温度条件も120〜150℃と高い条件で使用できる。

問 18 主軸受やクランクピン軸受の油溝の形状とピストンピン軸受やクロスヘッド軸受のそれとはどのような違いがあるか。またそれはなぜか。

答 主軸受やクランクピン軸受は軸が軸受内で一定方向に回転するいわゆる回転型軸受である。このような場合には軸受油膜の形成に，くさび効果が大きく寄与する。

　すなわち，軸の回転によって軸受隙間の最小となる部位に高い潤滑油圧を生じ，十分な油膜厚さを維持することができる。くさび効果を利用する場合には，この油圧上昇効果を分断することのないように，原則として，軸方向溝は設けてはならない。したがって，一般的には円周方向溝を設けている。

　一方，ピストンピン軸受やクロスヘッド軸受の場合には，軸は軸受内で一定方向に回転するのではなく，ある範囲の角度で反転するいわゆる揺動型軸受である。揺動型軸受では軸の回転方向が一定しないため，くさび効果は期待できず，軸受荷重が軽くなる瞬間に軸受面に広く油を行きわたらせ，大き

な荷重がかかったときにその油膜内で圧力上昇が生じるいわゆる絞り膜効果を利用する。このような場合には，短時間に広く油を行きわたらせるような油溝が設けられ，一般的にはピストンピン軸受では軸方向，円周方向，斜めとあらゆる方向の溝が採用され，クロスヘッドピン軸受では複数の軸方向溝が設けられる。

問19 過給機の軸受の種類とそれらの得失について述べよ。

答 過給機の軸受には，平軸受ところがり軸受の2種類がある。平軸受にはホワイトメタルまたはトリメタルが使用される。ころがり軸受には玉軸受（ボールベアリング）ところ軸受（ローラーベアリング）とがあるが，もっぱらボールベアリングが用いられる。

平軸受は，潤滑状態が良好であれば，その寿命は極めて長いが，始動時の立上がりは，ころがり軸受の場合よりは時間がかかる。通常，平軸受では過給機ロータ軸と軸受との間に完全な油膜が形成されるので，高速運転時に生じる重量バランスの不均一による振動をこの油膜で吸収できる。平軸受では，その給油方法は外部からの強制給油を採用しなければならない。

一方，ころがり軸受の場合，その寿命は最長でも20000時間程度であり，これ以上使用すると，異常な振動を発生する原因となる。始動性は極めて良いが，高速運転時の振動吸収のために，軸受の取付けには軸受外輪とケーシングとの間に緩衝物を挟んだ，いわゆる弾性支持とされるが，一般に平軸受と比べると，ケーシングへ振動が伝わりやすい。ころがり軸受の給油はいわゆる自己給油で，軸受ケーシング内に一定量の油を溜め，給油円板や小型ギアポンプによって軸受部に給油する。

問20 従来のシリンダ注油システムとして一般的に用いられている，蓄圧式差圧注油や機械式タイミング注油の問題点を述べよ。

答 これらの方式では，適切なタイミングに注油することが難しく，一部のシリンダ油は潤滑に寄与していないという問題がある。

1 ディーゼル機関

> **問21** 従来のシリンダ注油システムに代わって開発された新注油システムを2つあげ，それぞれについて簡単に説明せよ。

答 運航経費節減のために，従来の注油システムにおいて潤滑に寄与しないシリンダ油を低減する方法として，①アルファ注油システム，②SIP注油システムなどが開発され，従来の注油方式に取って代わりつつある。

- アルファ注油システム

　　MAN Diesel社（開発当時はMAN B&W社）が開発した電子制御注油システムである。

　　本注油システムは，ピストンリング間に潤滑油を供給し，ピストンリングの持つ潤滑油の保持機能および塗布機能を利用して，シリンダライナ摺動面全体にまんべんなく潤滑油を供給することを狙っている。制御はコンピュータを搭載した制御装置で行われ，クランク軸に接続されたロータリーエンコーダからのクランク角度信号と燃料噴射ポンプラック信号をもとに，注油タイミングおよび注油量が正確に制御される。注油開始は第1ピストンリング通過直前とし，第4ピストンリング通過までの短時間内にできるだけ多くの油をピストンリング間に送り込む。1回の注油量が増えるので，毎回転ごとに注油せず，数回転に一度の間欠注油とし，注油頻度により注油量を制御する。1つの注油器に3〜6本のプランジャがあり，これを1つの油圧ピストンで駆動する。

- SIP注油システム

　　SIP（Swirl Injection Principle）は，掃気スワールに乗せてシリンダ油をシリンダライナ内壁へ直接ジェット噴霧させる注油システムである。ピストン上昇行程中に，あらかじめシリンダライナに油膜を均一かつ広範囲に分布させるため，従来のピストンリングによる油膜形成に比べ，ライナ周方向および軸方向への拡散性が増し，シリンダライナへの潤滑油供給がより効率的になる。SIP注油システムでは，燃料弁と類似構造の注油弁を使用し，注油器も従来の機械式タイミング注油用のものを高噴射率仕様に変更して使用している。注油量は，機械式タイミング注油と同様に，機関回転数に比例する。

【参考】上記注油システム以外に以下のシステムも開発されている。

- ECL 注油システム

　ECL（Electronically Controlled Lubricating system）は，三菱重工業が開発した電子制御注油システムである。蓄圧供給ラインに蓄えられたシリンダ油が，電磁弁により開閉制御されるディストリビュータを経由して注油弁に供給される。蓄圧されたシリンダ油を供給するため，機関運航負荷や回転数に依らず安定な状態でのシリンダ油供給が可能である。

　注油量は電磁弁開閉時間により自在に変更可能であるため，運航条件を常にフィードバックしながらの制御が可能である。ECL システムでは，機関回転数比例，正味平均有効圧力および機関負荷比例の注油量制御が可能である。また，通常の注油頻度は機関 1 回転に 1 回であるが，運航条件に合わせて注油頻度やタイミングを変更することも可能である。

- パルスジェット注油システム

　Wärtsilä Switzerland 社が開発した電子制御注油システムである。複数の噴孔を有する注油ノズルからシリンダライナ摺動面に向けてシリンダ油が液滴噴射される。

　噴霧ではなく液滴であるので貫徹力が強く，そのため掃気中への損失がなく，外部への流出もない。注油ノズルはシンプルな逆止弁構造である。RTA/RT-flex96C の場合，5 噴孔を有する注油ノズルが同一円周上に 8 カ所配置される。電子制御により，任意に注油量および注油タイミングを変更することができる。

問22 コモンレール式燃料噴射装置とは，どのようなシステムか。また，どのような利点があるか述べよ。

答　従来の舶用ディーゼル機関は，機関の各シリンダの動きに連動させたカムシャフトによりシリンダごとに設けた燃料噴射ポンプを駆動し，機械的に燃料噴射のタイミングを調整するシステムである。

　これに対して，コモンレール式燃料噴射装置は，すべてのシリンダに燃料を供給できるコモンレール（共通配管：common rail）と呼ばれる燃料供給装置を設置し，燃料の圧力を高めて一定（1000 bar）に保ち，各シリンダの噴射弁で噴射量と噴射タイミングを制御する。電子制御による燃料噴射タイ

ミング，噴射量の適正化を行うことにより，過剰な燃料供給を防ぐとともに黒煙の原因となる不完全燃焼を防ぐことができる。

<利点>
- 低回転域においても燃料噴射圧の高圧化が得られ，NO_Xの排出を大幅に低減できる。
- 高圧噴射により燃料と空気の混合が促進され，ムラのない燃焼が可能となる。
- 噴射量や噴射タイミングを多段階に細かく調整することが可能となるため，広い回転域で騒音，黒煙，NO_X，燃料消費量を低減できる。

1-3 ディーゼル機関の運転および取扱い

問1 主機の冷却清水ラインを口頭で説明せよ。またエキスパンションタンクの役目と設置場所を述べよ。

答 M/E→(DIST. PLANT)→C.F.W. COOLER→C.F.W. P′P→(HEATER)→M/E というサイクルの中でエキスパンションタンクからのラインが，主機と清水冷却器との間に配管される。

　エキスパンションタンクは清水の補給と膨張・収縮を吸収するため，およびポンプに水頭圧をかけるために機関室高所に設けられる。

問2 主機の潤滑油系統および燃料油を説明せよ。

答 以下に潤滑油系統の基本的な配管を示す。
- システム油系統
  SUMP TANK→LO P′P→LO COOLER→M/E→SUMP TANK
- カム軸LO系統
  CAM LO TANK→CAM LO P′P→CAM LO COOLER→M/E→CAM LO TANK
- シリンダ油系統

CYL. OIL STORAGE TANK→CYL. OIL MEASUREING TANK→M/E

次に燃料油系統の基本的な配管を示す。

FO SERV. TANK→FO SUPPLY P′P→FLOW METER→RETURN CHAMBER からのラインが

RETURN CHAMBER→ FO CIRC. P′P→ FO HEATER→ M/E→ RETURN CHAMBER

というクローズドサイクルに供給される。

問3 ピストンの密閉冷却を潤滑油で行う場合と清水で行う場合とではどのような違いがあるか。

答 ピストン密閉冷却を潤滑油で行う場合には，清水に比べて冷却効果が低いため，清水冷却の場合の約2倍の流量を供給しなければ，十分な冷却効果が得られない。また，潤滑油はピストンクラウンの高温部で滞留すると，熱分解により冷却面に炭化層を形成し，冷却効果を低下させ，ピストンクラウンの焼損原因となる。したがって，冷却部の通過速度を十分に与えるような流路設計とされている。系統内での漏洩に対しては，清水の場合ほどの慎重さは要さない。

　一方，清水冷却の場合は，冷却効果は高いが，冷却系統内でのスケールの付着や腐食を防止するために，水質処理（軟水化）および防食剤（インヒビター）の濃度管理などが必要である。また，漏れに対しては厳密な対応が必要で，テレスコピックチューブや2重構造が採用される。

問4 燃料弁を冷却する目的は何か。また冷却方法にはどのようなものがあるか。

答 燃料弁を冷却する目的は，カーボンフラワーの防止である。すなわち，燃料弁においては，噴射と噴射の間にニードル先端空洞部（サックボリューム）の燃料が噴口から垂れ出し，噴口周辺に付着して不完全燃焼し，タール状のカーボンデポジットを形成し，これがさらに熱によって炭化する。このよう

な現象を繰り返すことで，噴口周辺には花びら状の炭化層が形成されることになり，これをカーボンフラワーと呼ぶ。カーボンフラワーは燃料の正常な噴射を阻害し，燃焼不良を招き，排気温度の上昇，効率の低下の原因となる。

このカーボンフラワーの形成を促進する原因は，ノズルの後垂れや漏れなどノズル自体に起因するものが大きいが，ノズルの温度も大きな要因となる。すなわち，カーボンフラワーの成長過程では熱が必要であり，この点，冷却が不十分であるとカーボンフラワーの成長は速くなる。

ノズルの冷却には，ノズル自体に清水などの冷却媒体を循環させる構造とした冷却ノズルを採用する方法と，2サイクル大型機関で採用されているような，無冷却ノズルをボアクール式シリンダヘッドの冷却水（ボアクール冷却水）で冷却する方法とがある。

問5　機関の始動が困難な場合の原因を述べよ。

答
- 始動空気圧力が低すぎる
- 寒冷地停泊中など，機関の温度が低下し，潤滑油粘度が高くなっている
- 始動空気を投入しないシリンダの始動弁から始動空気が漏洩している
- 始動弁の弁棒が焼き付いている
- 排気弁，吸気弁から始動空気が漏洩している
- 始動カムの調整が不適切
- その他運動部に焼付きを起こしている

問6　出航後，主機の出力をゆっくり増速して航海状態にするのは何のためか説明せよ。

答　機関始動直後は機関温度や潤滑油温度が定常運転状態に比べて低いため，急激に負荷を増加させると熱変形を起こし，軸受やピストン，シリンダなどに局部過熱や不同膨張による焼損を起こすため，徐々に機関負荷を増加させなければならない。機関の故障は始動直後とその後30分くらいの間に起こりやすいと言われており，大型機関では定格負荷まで上げるのに増減速標準

に従い増速させなければならない。

問7 機関運転中，1シリンダのみ他のシリンダより排気温度が異常に高い場合，どのような原因が考えられるか述べよ。

答
- 燃料噴射ポンプの異常による噴射量の増加
- 燃料噴射弁の開弁圧の低下
- 燃料噴射時期の狂い
- 後燃えの増加
- 排気弁の開き角度の狂い
- 排気弁の漏洩

問8 各シリンダの出力が不揃いになるときの原因を述べよ。

答
- 燃料噴射弁の啓開圧が不揃い
- 燃料噴射ポンプに不具合がある
- 燃料カムの調整が不揃い
- 圧縮圧が低下しているシリンダがある
- 燃料噴射弁の切れが悪く，後燃えを起こしている
- 吸気弁，排気弁のバルブタイミングが適切でない

問9 機関出力が不揃いである場合の把握方法を述べよ。

答
- 足袋形線図により，各シリンダの出力を計算する
- 最高圧力の差異による
- 排気温度の差異による
- 燃料ポンプのラックの差異による
- 各シリンダの燃焼音，振動による

問10 ヒートバランスとは何か。

1 ディーゼル機関

答 燃料の完全燃焼により発生する熱量を100％とした場合，転換したエネルギが各部にどのように配分されたかを表すものをヒートバランス（熱勘定）といい，通常，正味出力，冷却損失，排気損失および機械損失などの項目に分けられる。

問11 機関運転中，突然回転数が低下する原因を述べよ。

答
- 機関が過負荷になった
- 燃料噴射弁からの噴射量が少なくなった
- 燃料噴射ポンプからの燃料送出し量が低下した
- ピストンリングの焼付き，折損などにより，圧縮圧が低下した
- ピストン，シリンダその他，運動部に焼付きを起こした
- ガバナの故障により，燃料噴射量が低下した

問12 主機のシステム油圧力低下の原因は何か。

答 スタンバイポンプの起動要件は，電気的なトラブルに限られ，パイプやケーシングなどのき裂による潤滑油圧力低下の場合には，漏洩の度合いが大きくなるので，警報は出すが，スタンバイポンプは起動させない。このことから潤滑油圧力低下の原因は以下のものが考えられる。
- 配管系統でのエアかみ
- 配管系統からの漏れ，詰まり，バルブの誤操作
- 潤滑油ポンプからの漏れ
- 潤滑油ポンプの機械的故障（インペラの摩耗，折損，マウスリングからの漏れ）
- こし器からの漏れ，詰まり
- 冷却器からの漏れ，詰まり

問13 主機のトリップについて述べよ。

答　主機の運転中，各系統や機関各部異常が発生した場合に，自動的に主機を停止させることを危急停止（トリップ）という。この要件は船舶によって異なるが，以下に主なものを記す（船舶機関規則で規定されているものを◎で示す）。
◎過速度
◎主機潤滑油入口圧力低下
・過給機潤滑油入口圧力低下
・カム軸潤滑油入口圧力低下
・冷却水温度過高
◎危急停止ボタンの操作
・排気弁スプリングエア喪失（装備機関のみ）

問14　主機のオートスローダウンについて述べよ。

答　主機の運転中，各系統や機関各部異常が発生した場合に，自動的に主機を減速させることを危急減速（オートスローダウン）という。この要件は船舶によって異なるが，以下に主なものを記す。
・主機潤滑油入口圧力低下
・ピストン冷却油入口圧力低下
・過給機潤滑油入口圧力低下
・冷却清水入口圧力低下
・冷却清水入口温度過高
・排ガス出口温度偏差過高
・掃気室火災
・シリンダ注油器ノンフロー
・クランクケース内オイルミスト高濃度

問15　ディーゼル主機をやむなく長期減速運転しなければならない場合，どのような処置と注意が必要か。

答 ディーゼル主機は，一般にその定格出力の70％程度以上の出力で連続使用すべく設計されている。したがって，長期にわたる減速運転を行う場合には次のような事項が問題となる。

- シリンダ温度の低下および圧縮温度の低下により燃焼が悪化し，カーボンの生成量が増加し，燃焼室の汚れが促進される。このシリンダ温度の低下は低温腐食を促進することにもなるので，冷却水温度の調整が必要となる。
- 燃料の噴射状態を良好に維持するために，必要に応じて噴射時期を若干早めたり，極端な減速運転（MCOの50～60％以下の負荷）の場合には，燃料噴射弁ノズルを，噴口径の小さな減速用ノズルに交換するなどの対応が必要。
- 給気の流量減少により，エアクーラーで過冷却気味となり，多量のドレンが発生する恐れがあるので，ドレン量に注意すると共に，できれば海水循環弁の開度調整により，過冷却を避ける。
- シリンダ油の注油量を再調整する。一般には，この調整を怠ったために過剰供給となり，燃焼室内に多量のシリンダ油が入り，排気管内で燃焼してターボチャージャのオーバースピードやタービンの破損に至った例もあり，供給量を絞るように再調整する場合が多いが，多量のカーボンによって吸収される分も増えることがあるので，給油量の増減には注意を要する。
- 減速運転時，危険回転数近傍での運転を避けることは言うまでもないが，ねじり振動以外で，通常負荷範囲の回転数では現れないような振動が顕著に現れる場合がある。

> **問16** ディーゼル機関のねじり振動における次数と節とは何か説明せよ。

答 軸系がねじり振動をする場合，振幅が0，すなわちその点を境に逆にねじれる点が存在する。これを振動の節といい，最も大きなねじり応力が発生する部分である。ディーゼル機関におけるねじり振動の強制振動の起振力は機関のトルク変動であり，1シリンダ当たり，2サイクル機関では1回転に1サイクル，4サイクル機関では2回転に1サイクルの周期で変動する。このトルク変動の波形を複数周期の正弦波に調和解析した場合，1回転に1周期

の解析成分を1次成分，2周期の成分を2次成分というように，順次次数が高い成分に分けることができ，低次数成分ほど振幅が大きく危険度が高い。

問17 ディーゼル機関の着火順序の決め方を述べよ。

答 着火順序を決めるには以下のことが考慮されなければならない。
- 回転力をできるだけ均一にするために，等間隔に爆発させる。
- 隣接シリンダが続いて爆発しないようにする。
- クランク軸にねじり振動を生じないようにする。
- 吸排気ガスの相互干渉を起こさないようにする。

これらの条件から2サイクル機関および奇数シリンダの4サイクル機関では，一般に一通りであるが，偶数の4サイクル機関ではいくつもの順序が考えられるので，このなかから等しい着火順序で，ねじり振動に悪影響を及ぼさないものを選ばなければならない。

問18 ディーゼル機関において，燃焼をよくするためには燃料の噴射をどのようにするのか述べよ。

答
- 噴射された燃料油の総表面積を大きくして，より多くの空気と接触できるよう霧化させる。
- 燃焼室の隅々まで燃料油が到達できるよう，貫通力を持たせる。
- 燃焼室内で過濃な部分と希薄な部分が発生しないよう燃料油を均一に分布させる。
- 燃焼が不揃いにならないよう油粒を均一化させる。

問19 燃料弁から噴射される噴霧の到達距離は，ノズル噴口の長さと直径とでどのように影響されるか。

答 ノズル噴口の形状は噴霧の到達距離に大きく影響し，噴口出口における噴出速度が最大のときに到達距離も最大となる。噴口の長さ L と噴口径 D と

の比 L/D が小さいと噴口出口における噴霧の拡がりが大きくなり，到達距離は短くなり，逆に L/D があまり大きいときには，噴口通過時の摩擦の影響を大きく受けるために噴口出口での速度が低下し，到達距離はやはり短くなる。L/D がおおよそ 4 のとき噴霧の到達距離が最大になるといわれている。

問 20 ディーゼル機関における燃料の噴射遅れとは何か。またどのような要因が含まれているか。

答 実機において計測される燃料噴射時期（噴射始め）はボッシュ式ポンプではプランジャが吸入孔および逃がし孔を塞ぎ終わる時期であり，スピル弁式ポンプでは吸入弁の閉まる時期である。ところが，実際に機関運転中における燃料の噴射時期は，前述の計測された噴射時期よりも遅れるものである。このような，燃料噴射ポンプにおける燃料の圧縮始めの時期（計測された噴射時期）から実際の燃料噴射時期までの遅れを噴射遅れという。

噴射遅れが生じる原因は，燃料高圧管内に残圧があり，噴射ポンプ内の燃料の圧力がこの残圧を超えるまで圧縮されなければポンプ吐出弁が開かないこと，高圧管内を圧力波が伝わる時間が必要であることおよびノズル前の燃料油圧が設定された啓開圧（開弁圧）になるまでの時間が必要であることなどである。

このようなことから，噴射遅れの長さは，高圧管残圧および啓開圧の値，高圧管の長さ，燃料噴射ポンププランジャの突上げ速度によって左右される。噴射遅れの長さは，一般に絶対時間では極めて短いものであるが，高速機関ではクランク角度としては相当な大きさになるものである。

問 21 ディーゼル機関の燃焼における点火遅れ（着火遅れ）で，物理遅れ，化学遅れとはそれぞれどういうことか。

答 ディーゼル機関において，燃料の噴射が始まっても直ちには点火（着火）せず，わずかな遅れを伴うもので，これを点火遅れという。この点火遅れの間，シリンダ内では噴射された噴霧油粒が高温空気によって加熱され，蒸発，

拡散という物理的過程を経て可燃混合気を形成する。このような物理的過程に費やされる遅れを物理遅れという。他方，いったん可燃混合気が形成された後は，燃料の化学的性質によって着火性が左右されるので，この部分の遅れを化学遅れという。

物理遅れは，噴射時のシリンダ内空気温度すなわち圧縮温度が高くなるにしたがって短くなる。一方，化学遅れは，通常運転中には物理遅れと比べると極めて短いものであるが，圧縮温度が低い領域（400℃程度以下）になると，急激になおかつ極端に長くなる性質を持つ。このため，寒冷地における冷態始動時などには，この化学遅れが始動困難の原因の1つとなる。

> **問22** 船舶において，低質重油を使用する際に注意すべき事柄はどのようなことか。

答 低質重油はその組成が低水素，高炭素であり，物理的には高粘度，高比重という特質を持つ。また，イオウ，バナジウムなどの不純成分および鉄，土砂，FCC触媒などの固形混入物も多く含まれている。

このような低質重油の特質を考慮するならば，使用時には次のような注意が必要である。

- 移送と前処理の問題

 移送時には粘度を移送可能な粘度に下げるよう，適当な加熱を行い，移送ポンプから遠いタンクから順に引いていく。前処理については，セットリングタンクの加熱温度を適正に保ち，ドレン排出を十分に行うと共に，サービスタンクへの供給時にはピューリファイアなどの遠心分離機の処理量を絞り，分離効果を高める。また，機関への供給ライン中のストレーナやフィルタの詰まりに注意する。

- 機関の燃焼管理上の問題

 低質重油を使用する場合には，機関のノズル前における燃料油の粘度が，噴射に適した粘度になるように加熱温度を設定する。実際には，燃料の噴霧を適当に保つために噴射圧（啓開圧）を高く設定する場合もある。また噴射時期も若干早め（クランク角で1～2度程度進める）に調整する必要がある。

1 ディーゼル機関

イオウやバナジウムに対しては，適当なTBNのシリンダ油を選定，使用することで対処し，バナジウム腐食を抑制するためには，冷却水温度の管理によって適正な燃焼室触火面温度の維持を図る。

問23 ガソリン機関におけるノッキングとはどのような現象か説明せよ。

答 ガソリン機関の燃焼過程は燃焼室内にある混合気の一部に点火されると，その熱のために未燃焼部分の温度圧力が上昇し火炎が伝播して燃焼範囲が拡がっていく。しかし，燃焼の進行に伴い，未燃焼ガスの圧力上昇が温度を上昇させるので，燃焼の末期には未燃焼ガスの温度が自然発火温度を超え，未燃焼ガスが急激な燃焼を起こすことがある。この現象をガソリンノックといい，燃焼室内の衝撃波により，激しい金属音を発する。

問24 ガソリンノックに伴う現象とその影響を述べよ。

答
- 燃焼ガスの温度が上昇しシリンダやピストンが過熱し焼付きの原因となる。また潤滑油の劣化に伴うスラッジの発生により，ピストンリングや各弁のこう着を誘発する。
- 最高圧が上昇し，機関各部に衝撃と振動を与え疲労の原因となる。
- 燃焼室の温度を高めるため，自然発火による過早着火を生じる。
- 衝撃波が燃焼室内を往復し激しい振動と金属音を発する。
- 排気ガスの色が黒色をおびてくる。

問25 ディーゼル機関におけるディーゼルノックとはどのような現象か説明せよ。

答 シリンダ内に燃料が噴射されてから着火するまでの期間を着火遅れの期間というが，この期間が長くなるとシリンダ内に投入される燃料の量が多くなり，混合ガスの濃度も濃くなり，一時的に爆発的な燃焼を生じるようになる。

この現象をディーゼルノックといい，圧力上昇率が極端に高くなり，機関各部に衝撃荷重がかかり，機関故障の原因となる。

> **問26** ディーゼルノックの原因にはどのようなものがあるのか述べよ。

答
- 機関過冷のまま始動した
- 燃料油の噴射時期が不適
- 燃料油のセタン価がその機関に対し低すぎる
- 燃料油の噴霧状態が悪い
- 圧縮圧が低い
- 冷却水温度が低すぎる

> **問27** ディーゼル機関において，ノッキングが生じる場合の原因は何か。またその対策はどうするか。

答 ディーゼル機関においてノッキングを生じる原因としては，過早着火による場合とディーゼルノックとの2つがある。過早着火は，燃料噴射時期が早すぎるためにシリンダ内最高圧が上死点付近に現れるため極めて高い値を示し，叩き音を発生する。このような場合には，燃料噴射時期を適正な角度に再調整する必要がある。

一方，ディーゼルノックは，着火前の着火遅れ（点火遅れ）の間にシリンダ内で形成される可燃混合気の量が多すぎるために，着火直後にこれらが一瞬に燃焼するため，シリンダ内圧の上昇率が大きくなりすぎるために生じるものである。

この場合，圧力の上昇率すなわち燃焼カーブの勾配は大きくなるが，最高圧の値は必ずしも通常より高くなるとは限らない。ディーゼルノックの防止策としては，圧縮温度を上げて着火遅れ（点火遅れ）を短くすること，着火性の良い燃料を使用すること，着火遅れ中の噴射量を絞るなどの手法が効果的である。具体的には，吸気温度を下げすぎないこと，シリンダ温度を高め

に保つこと，場合によっては圧縮比を大きくすることなどが圧縮温度を高くする手段であり，着火遅れ中の噴射量を絞る方法としては，噴射初期の噴油量を絞る構造となっているスロットルノズルが高速機関で実用されている。

問28　危険回転数とは何か説明せよ。

答　ディーゼル機関とプロペラなどを結合して運転すると，軸全長にわたって伝達トルクに見合った若干のねじりを生じ振動する。これが固有振動または自然振動と呼ばれるものであり，正常な動力伝達状態においては，軸はほぼ平均トルクに比例するねじり角を持って回転しているから，ねじり振動の振幅はごくわずかである。

　また，機関のシリンダ内で発生した力が，軸系に繰り返し作用して生じる振動を強制振動という。この固有振動と強制振動とが，機関のある回転数で共振した場合，大きなねじり振動を生ずる。このときの回転数を危険回転数という。

問29　多シリンダ機関における排気干渉とはどのような現象か。またこれを防止する方法は何か。

答　多シリンダ機関において，排気弁が閉まる直前の時期にあるシリンダと，その時期にちょうど排気弁が開いた直後のタイミングであるシリンダとが共通の排気管でつながっていると，排気弁が開いた直後のシリンダからの高圧排気が排気弁が閉まる直前のシリンダに侵入し，シリンダ内のガス交換を妨害する。この現象を排気干渉という。

　排気干渉を防止するには，全シリンダの排気を適当な容量を持つ排気集合管に導き，排気の吹出しエネルギ（ブローダウンエネルギ）を静圧化させることが有効である。しかし，過給方式として動圧式を採用する機関ではこの方法はとれないので，排気弁の開弁期間が重なり合わないシリンダ同士をまとめて一群として共通配管する，いわゆる群分け配管の方法がとられる。

> **問 30** オーバーラップとは何か。

答 4サイクル機関における基本的なバルブタイミングでは，吸気弁，排気弁は上死点あるいは下死点から開閉を始めるが，実際には各死点の前から開き，各死点の後に閉じるようにタイミングを調整している。これにより2回転に1回の割合で上死点において吸気弁と排気弁の両方が同時に開いている時期が発生する。これがオーバーラップである。これは吸気の慣性効果や排気の慣性効果により，できるだけ多くの空気を吸入すると共に，排気を完全に近い形で排出するためである。さらに排気弁や燃焼室，ピストンなどを冷やして各部の熱応力軽減する効果もある。

　オーバーラップ角度は，過給機付きディーゼル機関では130〜145°，無過給ディーゼル機関で20〜50°である。

> **問 31** シリンダライナの摩耗率とは何か。

答 ライナの摩耗を運転時間の経過と共にたどると，新造時の使い始めから500時間程度の間は比較的摩耗が進行する，なじみ期間（すり合せ期間）と呼ばれる期間があるが，それを過ぎると，摩耗量が運転時間の経過と共に直線的に推移していくようになる。この期間を定常摩耗期間と呼ぶ。一般にこの定常摩耗領域における摩耗量は，適当な潤滑状態を維持できれば，それほど大きなものではない。この定常摩耗領域における単位運転時間当たりの摩耗量を摩耗率と呼び，通常，運転時間1000時間当たりの摩耗量mmで表される。すなわち，摩耗率は定常摩耗領域における摩耗特性直線の傾きの大きさを表している。

　通常，商船の主機ディーゼル機関ライナ摩耗率の平均値は0.04〜0.06 mm/1000hr程度と報告されている。一般的に大型機関においては摩耗率の値が0.1mm/1000hrをもって，正常，異常の目安としている。

> **問 32** ディーゼル機関において吸入空気温度がシリンダ摩耗に及ぼす影響を述べよ。

答 シリンダの吸入空気温度が低すぎると，露天温度以下になり，空気中の水蒸気が凝結する。これが燃焼ガス中の亜硫酸ガスと反応して硫酸を生成し，シリンダライナを腐食摩耗させることとなるため，空気温度は低くしすぎてはならない。

> **問 33** シリンダライナの摩耗を抑制するために機関取り扱い上注意すべき事柄は何か。

答 ライナの摩耗を抑制するために取り扱い上注意すべき事柄として以下のようなものがあげられる。

- 潤滑上の問題

  潤滑上の問題としては，使用燃料油にマッチしたシリンダ油の選定を行うこと。とくにシリンダ油のTBNを使用燃料油のイオウ含有率にマッチさせることが重要。また，最適なシリンダ注油率（一般に 0.8〜1.2 g/pshr 程度とされる）を維持するように注油量の調整を行うこと。

- 燃料，燃焼上の問題

  微細な鉄，砂，FCC触媒粒子など燃料中の研磨性不純物はライナ摩耗を促進する大きな原因であるから，沈殿，遠心分離，ろ過による前処理を十分に行うこと。

  また，燃料噴射系統，吸排気系統，冷却系統をそれぞれ最適に保ち，良好な燃焼状態を維持すること。

- 吸気の問題

  吸気中の塵埃なども直接ライナ摩耗の促進原因となるので，過給機ブロア入口の吸気フィルタは適当な期間をおいて掃除すること。

- その他

  ジャケット冷却水温度もライナ摩耗に大きく影響する。すなわち，これが高すぎるとシリンダ内壁の温度上昇によりシリンダ油膜の維持が困難となるし，低すぎる場合には硫酸の生成が促進されるために低温腐食の影響によりライナ摩耗は進む。

  また，摩耗限度まで摩耗したライナを使っていたり，ピストンリングの折損を見逃していた場合には，ブローバイの発生により油膜が破壊され，

ライナ摩耗が激しくなるばかりでなく，スカフィングを招くこととなる。

さらに，長期にわたる過負荷あるいは低負荷運転も結果として油膜破壊を招きライナの摩耗促進原因となる。

問34　トルクリッチとはどのような現象か説明せよ。

答　主機の出力は，その船舶の航海速力を維持するのに必要な出力をもとに決定されるが，気象海象の変化，船体・機関の汚損，積み荷量の変化などにより船体抵抗は常時変化する。また，機関出力は回転数とトルクとの積で表されるが上記の理由によりプロペラ負荷が増加すると，一定の回転数を得るためにトルクが増加し，機関は過負荷の状態に陥る。この状態をトルクリッチという。

問35　ベーパーロックとはどのような現象か。またその防止対策は何か。

答　ベーパーロックとは，燃料供給系統内で燃料中の低沸点成分が沸騰，蒸気化し，系統内に溜まって，燃料の供給を妨げる現象である。この現象は，沸騰現象によるものであるから，ポンプ入口や流速が速いような低圧部で発生しやすい。また，燃料の温度が高いほど起こりやすいため，高い加熱温度を採用している場合にはしばしば見られる現象である。

　ベーパーロックを防止するためには，系統内の流速を適正にして低圧部を作らないこと。また燃料の加熱温度も，むやみに上げないことが重要である。極めて低質な重油を使用せざるを得ない状況では，燃料加熱温度はベーパーロック防止上の上限ぎりぎりに設定されているのが現状である。これを考慮して，燃料ブースターポンプや燃料噴射ポンプの入口でのベーパーロックの発生を回避するために，タンクを含む燃料供給系統全体を加圧する，加圧システムが採用されることがある。

1 ディーゼル機関

問36 オイルミストデテクタとは何か。また警報が出る原因は何か述べよ。

答 運転中のディーゼル機関のクランク室には，常時潤滑油の蒸気が存在しており，これをオイルミストという。これが一定の濃度に達した場合，ブローバイや軸受などの過熱などの高温熱源によって引火爆発する危険がある。このため，オイルミストの濃度が危険濃度に達した場合に警報を発する装置をオイルミストデテクタという。オイルミストの濃度は，一般的に光電管を使用した光の透過率によって検知している。

問37 ピストンリングのリングフラッタとはどのような現象か。またその防止方法は何か。

答 ピストンリングは機関運転中，リング背面およびリング上面にガス圧を受け，シリンダ壁を押すと同時に，リング溝下面に押し付けられてガスのシールを行っている。リングに作用する上下方向の力は，このガス圧だけではなく，リング自体の慣性力，ライナとの摩擦力などがある。これらの力のうちリングの慣性力は，ピストンが上死点付近にあるときには上向きに作用する。したがって，この上向きの慣性力が大きくなり，リングに作用する下向きの力を超えると，リングがリング溝内で浮き上がることになる。この現象をリングフラッタという。圧縮後の上死点付近でこれが起こるとブローバイを招き，機関の正常な運転ができなくなると共に，シリンダに重大な損傷を招くこととなる。機関の高速運転時には，リングの慣性力が増大すると共に，リングに作用するガス圧も絞られるので，とくに注意を要する。

　リングフラッタを防止するためには，リングの慣性力を小さくするためにリングの軽量化を図ること，リングに作用するガス圧を絞らないようサイドクリアランスを小さくしないこと，リング合口部の面圧を高くすることなどが有効である。また，キーストンリングを採用すると爆発時に瞬間的にリングをライナ壁に強く押し付けることができ，摩擦力によってリングフラッタを防止する効果がある。

問38 過給機のサージングとはどのような現象か。またその防止方法は何か。

答 過給機のサージングとは，過給機ブロアの送出し空気量が機関での使用量を上回り，供給過剰状態となり，運転点がブロアの特性上の不安定領域（サージラインの内側）に入り，ブロア吐出圧および送出し量が周期的に変動する現象である。この際，ブロアのインペラ内では正の送出しと負の送出し（逆流）を繰り返しており，送出し空気量の変動幅は極めて大きなものである。過給機の効率は安定，不安定領域の境界線であるサージラインに近いほど高くなるため，今日のように効率を重視した場合，過給機の作動線はサージラインに近く設定される。

　サージングの防止対策としては，ブロアのインペラに後方彎曲羽根（バックワードベーン）を採用することで，効率を保ちながら作動線をサージラインから遠ざけること，吸気および排気系統内の抵抗を小さくすること（汚れを落とすこと），ディフューザの流入角度を小さくすることなどが有効である。また，応急的にはブロア出口から吐出空気の一部を大気放出する手段もとられる。

問39 過給機の汚れ具合は何によって判断するか。

答
- ブロワ側のフィルタ差圧の上昇
- 各シリンダの排気温度の上昇
- 過給機入口出口温度差の低下
- 掃気圧力の低下
- インタークーラの空気側入口出口温度差の低下

1-4 ディーゼル機関の損傷・点検・整備

問1 クランクジャーナル軸および主軸受下メタルに発生するスパークエロージョンとはどのようなものか。

答 スパークエロージョンとはジャーナル軸表面や主軸受下メタルに見られる，微小ピットを伴った白濁マークを発生する現象である。この原因は，防食亜鉛などの船体防食装置の影響による電気的腐食である。すなわち，船体防食亜鉛とプロペラとの電位差により生じる電流が，防食亜鉛→プロペラ→クランク軸を含む軸系→船体→防食亜鉛という電気回路中を流れる間に，主軸受荷重が大きくなり軸受の油膜が薄くなるとき，ジャーナル軸から主軸受下メタルに潤滑油膜中を放電して，放電面に微小ピットを伴う白濁マークを生じるものである。これを防止するためには，軸系に適当なアース装置を設けるかあるいはゴム弾性継手を装備することが有効である。

問2 主軸受の損傷のうち，メタルのき裂および焼付きについては，それぞれどのような原因があるか。

答 主軸受メタルのき裂は，メタルに発生した局部的なヘアークラックが成長していくもので，クラックが深部にまで至ると，メタルの剥離を伴う。このヘアークラックを生じる原因としては，軸受荷重の振幅過大，メタルと裏金との密着不良，台板軸受台の剛性不足，使用温度の高すぎなどがある。

　軸受の焼付きは，軸受の全体あるいは一部が境界潤滑状態となり，発熱によって潤滑油の粘度が下がり，さらに過酷な潤滑状態を招き，最終的に焼付きに至るもので，その原因としては，軸受荷重の過大，軸受の偏当たり，潤滑油の供給量または供給圧の不足，潤滑油温度の高すぎなどがある。

問3 大型2サイクルディーゼル機関の掃気室火災はどのようにして発生するか。また何によってその発生を知ることができるか。

答 掃気室(ランタンスペース)にはカーボンなどの燃焼生成物,シリンダ油ドレン,微量の燃料などがシリンダから落下してくる。通常は,これらを排出するようにドレンパイプが設けられているが,もともとこれらドレンは流動性が悪く,さらにはパイプの詰まりなどにより掃気室に堆積する場合がある。このような堆積物の上にブローバイによる火種が落ちてきて火災を発生する。

掃気室火災が発生すると,掃気室温度異常あるいは排気温度の異常上昇として現れる。このような場合,各シリンダに設けられたのぞき窓から確認することができる。

問4 ディーゼル機関の燃焼室損傷の1つであるバナジウム腐食はどのようにして発生するか。

答 バナジウム腐食はバナジウムアタックとも呼ばれるもので,高温部に生じる高温腐食の1つの形態である。そのメカニズムは,燃料油中に含まれるバナジウム(V)が燃焼して,五酸化バナジウム(V_2O_5)となり,これが金属表面の酸化物と反応して酸化被膜を破壊し,さらに金属の融点を下げ,金属表面の腐食を促進する現象である。

燃料油中のバナジウムは清浄機で取り除くことは困難であるから,バナジウム腐食を抑制するためには,バナジウムの含有率が低い燃料を使用することおよび高温壁面の温度を650℃程度以下に保つことが重要である。

問5 ディーゼル機関燃焼室に発生する低温腐食はどのようにして生じるか。またその防止方法は何か。

答 低温腐食は硫酸腐食とも呼ばれるもので,燃料油中のイオウ(S)が燃焼することにより,無水硫酸(SO_3)が生成され,これが水または水蒸気と反応して硫酸(H_2SO_4)となり,金属表面を腐食するものである。シリンダ内部は大気圧以上の圧力であるため,水蒸気の露点温度は一般に130〜140℃であるから,機関停止中のみならず,運転中にも低温腐食は起こる。すなわ

1 ディーゼル機関

ち，シリンダライナ下部，排気弁の冷却弁座などの触火面は，運転中も露点温度以下になる可能性が高いので冷却水温度の管理には注意を要する。

　低温腐食に対する対策としては，機関停止時にはエアブローを確実に実施し，燃焼室内に硫酸蒸気を含んだガスを残さないこと，運転中にあっては，露点温度以下にならないように冷却水温度の管理を確実に行うことおよび使用燃料油のイオウ含有率にマッチしたアルカリ性を有するシリンダ油の選定（TBN）が重要である。

問6 クランク軸において，き裂の発生しやすい部位はどこか。またその理由は何か。

答　クランク軸において，き裂の発生しやすい部位は，ピンとアームの付け根部およびジャーナル軸とアームの付け根部のいわゆる隅肉部と言われる部分である。

　クランク軸には機関運転中，曲げおよびねじり荷重が繰り返し変動荷重として作用する。このような典型的な疲労部材には十分な疲労強度を持たせる必要があるが，クランク軸のように，その断面形状が急変する部材には，その部分に応力集中が起こり，計算上の値よりもはるかに大きな応力が発生する。これに該当する部位が先にあげた部位である。

　このような部位には，極端な応力の集中を避けるために，軸径の5～10%程度のR付け（ラウンディング）が施されるが，運転中に相当高いレベルの応力を生じることにはかわりない。したがって，このような部位には疲労によるヘアークラックが生じやすく，これを放置しておくとクラックが成長，深部にまで至り，やがて軸の折損を招く。

問7 クランクデフレクションを計測する目的は何か。また計測時の注意事項は何か。

答　クランク軸は，機関運転中，曲げおよびねじりの変動荷重が繰り返し作用するいわゆる疲労部材であるため，その寸法は計算上十分な強度を持つよう

に決定される。ただし，曲げ応力に関しては，計算上はジャーナル軸心に狂いがなく，アームのデフレクションがないことを前提としているため，実際運転中にデフレクションが生じると，付加応力が生じ，計算上の応力以上の過大な応力が生じることになる。この付加応力が限度を超えると，軸の折損を招くことになる。

したがって，デフレクションによる付加応力の値を制限値以内に抑えるためには，デフレクションの値を制限値以内に抑えることが必要である。デフレクション計測の意味はこの点にあり，計測されたデフレクションの値が安全運転限度以内に収まっているか否かを判定することが重要で，修正が必要な場合には主軸受支持高さの再調整などの手段により修正しなければならない。

デフレクション計測時の注意事項としては以下のような事項があげられる。

- デフレクションの値は載荷条件による船体の変形の影響を受けるので，計測毎に載荷条件をできるだけ合わせること。
- 機関の温度も大きく影響する。すなわち，機関停止直後では燃焼室温度が高いために，機関上部が膨張しており，軸は上そり気味になる。したがって，機関停止直後の計測値と完全に冷機された状態での計測値とでは大きな隔たりがあるため，計測時期も毎回合わせること。
- とくに大型機関では，最後尾のシリンダの計測値は無視できない程度のターニングギア噛合いの影響を受けることがあるので，前進方向へのターニング後わずかに後進ターニングモータを回すことにより，ギアに遊びをつけた状態で計測することが望ましい。

問8 シリンダライナの計測箇所と計測方法を述べよ。

答 シリンダライナの計測箇所は，上死点および下死点におけるトップリング位置と，その中間付近の3カ所の内径をクランク軸方向およびその直角方向にわたり，シリンダゲージで計測する。摩耗量が使用限度内であっても，真円度や円筒度が限度を超えるものは交換する必要がある。

一般にクロムメッキを施していないシリンダライナの摩耗による使用限度は，$6〜8D/1000$（Dはシリンダ直径）と考えられているが，小型機関では$4D/1000$になると潤滑油の消費量・汚損が激しくなるので，早めに交換した

1 ディーゼル機関

方がよい。偏摩耗量はこの量の1/3とする。クロムメッキを施してあるものは，クロム層が摩滅して地肌が現れるまでを限度とする。

問9　クランク室の点検箇所はどこか説明せよ。

答　クランク室の点検箇所は，ボルト・ナットなどの締付け部，可動部の接触・ゆるみ，潤滑・冷却系統の漏洩，異物の混入などを中心に点検する。具体的には以下の部分である。
- タイロッドのセットボルトのゆるみ
- 直結ポンプ駆動用ギア・チェーンなどの点検
- クランクデフレクションの計測
- 各部のクラック，き裂などの有無
- ピストンロッドの点検
- クランクケース内の異物（ホワイトなど）の有無
- 発錆の有無
- クランクアームと主軸のずれ
- クランクケース内の潤滑油の汚れ
- 冷却水の漏洩
- 各部締付けボルト・ナットのゆるみ
- 各潤滑部の送油状態および配管漏洩
- ベアリングの間隙

問10　ピストンリングの接続張力の測定要領を述べよ。

答　リング接続張力の測定は，定盤のような平坦な台の上でリング外周を鋼帯で合口で交差するように一回り巻き，一端を固定して他端にバネばかりをおいて，リング合い口が標準隙間になるときの引張り力をはかりにて読む。

$$接続張力\ P\ [\text{kgf}] = \frac{p \times B \times D}{2}$$

B：リング幅 [cm]　D：リング直径 [cm]　p：面圧 [kgf/cm^2]

問11　ピストンリングの面圧とは何か。またどれくらいの大きさか。

答　ピストンリングの面圧とは，リングを真円にした（シリンダ内に装着された状態と同様）ときに，リング自身の張力によってシリンダライナ壁面を押す単位面積当たりの力である。

　これが小さすぎると，燃焼ガス圧がリング背面に回り込む前にリングとライナとの接触面からガスが漏れてシール効果が損なわれる。また，大きすぎると摩擦が増大して機械効率の低下やリングおよびライナの過大な摩耗を招く。したがって，リングの面圧には適正な範囲があり，中大型機関では $0.4 \sim 0.7\,\mathrm{kgf/cm^2}$ 程度，小型高速機関では $0.8 \sim 1.2\,\mathrm{kgf/cm^2}$ 程度である。

問12　燃料噴射ポンプの噴射時期の測定方法を述べよ。

答　プランジャの突き始めはポンプののぞき窓でプランジャ案内筒の合せ線により見る。または，ポンプの吐出管に先端を細く絞った短管を取り付け，プライミングハンドルにてプライミングを施行した後，クランク軸をターニングし，燃料油が短管の先端より漏れ始めるときの角度を突始めの角度とする。ポンプの突終わりの角度は，のぞき窓ではわかりづらいため，さらにクランク軸をターニングし，燃料油が管の先端より漏れ出なくなった位置とする。

問13　燃料弁交換後のプライミング要領を述べよ。

答　燃料油管中の空気が完全に抜けていないときは，燃料噴射ポンプが作動しても燃料油の吸込み，吐出が完全にできず，噴射が不良になったり，噴射しても着火しないことがある。このため，機関始動前はプライミングを行い，管中の空気を抜いておかなければならない。プライミングの方法は以下に述べる。
① 燃料ハンドルを運転位置に置く。
② 燃料噴射弁の充油試験弁を開く。
③ ターニングして，送油しようとするシリンダの燃料噴射ポンプのプラン

ジャの突始めの位置に持っていく。
④ 燃料噴射弁の充油試験弁から気泡と油が流出するまで，燃料噴射ポンプのプライミングバーを上下させる。
⑤ 燃料噴射弁の充油試験弁から気泡がまったく出なくなれば同弁を閉じ，プライミングバーを再び上下させ，手応えがあることを確認する。
⑥ 燃料ハンドルを停止位置に戻す。

問14 過給機のブロワ洗浄の方法を述べよ。

答 ① 機関を全負荷付近で運転する。
② 給水プラグを開き，注水タンクを満たした後給水プラグを閉める。
③ 導圧止コックを開き，注水コックを約20秒開く。このとき渦巻き室からの圧縮空気が，導圧管から注水タンクに導かれ，タンク内の水を昇圧する。昇圧された水は注水導管を通り，注水ノズルに供給された空気入口の空気の流れにより，インペラの羽に激しく衝突し，付着物を洗い落とす。
この場合の注意事項は以下の通りである。
- 機関が全負荷周辺であるときのみ洗浄する。
- 洗浄直後に機関を停止しない。
- 洗浄に使用する水は淡水に限る。

問15 2台の静圧過給方式の過給機を装備する機関において，1台の過給機が故障したとき，継続して機関を運転する場合にはどのような対応が必要か。

答 2台の静圧過給機のうち1台が故障し，機関を運転しなければならない場合には，故障した過給機に対して以下のような対応が必要となる。
① 過給機の排気入口ケーシングと導入排気管の伸縮継手との間にメクラフランジを入れ，過給機への排気の流入を遮断する。
② 過給機の空気出口ケーシングと給気管の伸縮継手との間にメクラフラン

ジを入れ，給気の過給機への逆流を阻止する。
③　過給機冷却水を遮断する。
④　外部給油の場合には潤滑油供給を遮断する。
⑤　過給機ロータを固定する。

【解説】過給機のカット運転時，どの程度の負荷で運転するかを決定する場合には，シリンダ出口排気温度および稼動過給機のタービン入口ガス温度を目安にして，機関および過給機に過大な熱負荷をかけないような負荷限度としなければならない。この場合，機関メーカーによる推奨値があるので，これを参考にすればよい。

2 蒸気タービン

2-1 蒸気タービンの理論

> **問1** 大・中容量のタービンにおいてカーチスタービン（速度複式衝動タービン）を高圧初段落に，ラトータービンやツェリータービンを第2段落以下に使用することが有利である理由を述べよ。

答 カーチスタービンは高圧の蒸気を初段のノズル内だけで終圧まで膨張させ，その運動エネルギを回転羽根で動力に変換する。したがって，小型な割には大きな熱落差を消化して大きな出力を得ることができるが，効率は多少悪い。一方，ラトータービンやツェリータービンは各段落のノズルごとに徐々に蒸気を膨張させる方式で，全体の長さが長くなるが効率が良い。また，高圧タービンではノズル調速を行うために部分流入が可能なカーチス段を用いる必要がある。これらのため，それぞれの長所を組み合わせた（カーチスタービン＋ラトータービンまたはツェリータービン）方式が一般的である。

> **問2** 再生タービンの効率が良い理由について述べよ。

答 ランキンサイクルの効率より，再生サイクルでは復水器に捨てる熱量が減るため，全体的な効率が上昇する。

【解説】 図（次ページ）は各熱サイクルをT-s線図上で模式的に描いたものである。T-s線図上では面積が熱や発生する仕事の大きさを表している。
　高温（T_1）熱媒体と低温（T_2）熱媒体の間で行う熱機関のうち最高の効率はカルノーサイクル（左図）で得られる。ランキンサイクルの熱サイクルは右図のようになり，台形に近くなる。この台形に近い形のサイクルをランキンサイクルと効率が等価である中央図のような

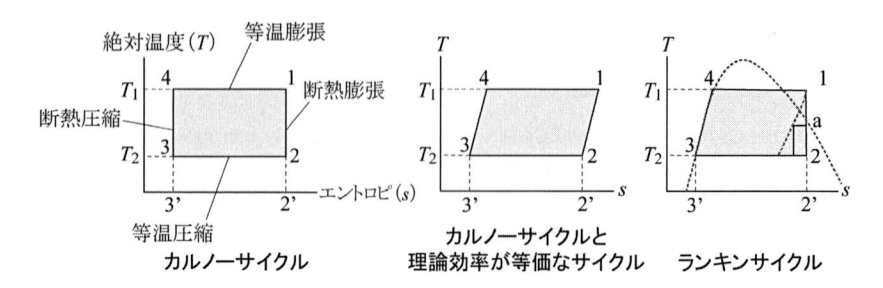

|カルノーサイクル|カルノーサイクルと理論効率が等価なサイクル|ランキンサイクル|

（図中のラベル：絶対温度(T），等温膨張，断熱膨張，断熱圧縮，等温圧縮，エントロピ(s），T_1，T_2，3'，2'，a）

平行四辺形の形に近づける仕組みが再生サイクルである。すなわち，タービン内で膨張途中の蒸気の一部を抽気し（右図のa点），抽気しなかった場合に仕事と復水器に捨てる熱を給水の加熱に使う方法である。抽気により発生する仕事も減るが，復水器に捨てる熱も減り，その合計のエネルギを本来ボイラがする給水の加熱に利用する。結果的に発生する仕事が減少する分以上にボイラで必要な燃料の量が減り，効率が上昇する。右図は1段抽気を行った場合の図であるが，無限段抽気を行えば理論的には中央図と同じ形のサイクルになり，カルノーサイクルと同効率が得られる。

問3 発電機用蒸気タービンにおいて軽負荷運転時は定格運転時に比べ損失が増加する理由を説明せよ。

答 発電機蒸気タービンの特徴は，負荷に関係なく回転数が一定であることである。したがって周速度 U は負荷に関係なく一定となる。軽負荷時には回転羽根入口絶対速度が定格時より小さくなる。このため羽根入口および出口の相対速度の方向が変化し，回転羽根の速度係数が低下し，内部損失が増加する。

問4 蒸気タービンの速度比（羽根の周速度/蒸気速度）とタービン効率にはどのような関係があるか。

答 単式衝動タービンでタービン効率 η_T を最大にする速度比 ρ は

$\rho = \cos(\alpha_1/2)$

ただし $\alpha_1 =$ ノズル角とする。

圧力複式衝動タービンもこれと同様，速度複式衝動タービンでは列数によって η_T を最大にする速度比は異なる。

$\alpha_1 = 25$ 度以下の 2 列カーチスタービンでは $\rho = 0.2 \sim 0.25$，3 列カーチスタービンでは $\rho = 0.12 \sim 0.16$，反動度 50 %の反動タービンでは $\rho = \cos\alpha_1$ で η_T は最大となる。

問5 ノズル絞り調速および加減調速の特徴を説明せよ。

答

	調速の原理	方法	効率	連続性	いつ使うか
ノズル絞り調速	絞り作用によりタービン入口の蒸気条件を変え，タービン内断熱熱落差を変化させると同時に流量も変える	操縦弁の開度調整	多少悪い	連続的な出力変更が可能	S/B 中
ノズル加減調速	蒸気流路の断面積を変化させることにより，蒸気条件は変えないで流量だけを変化させる	蒸気タービン入口のノズルの使用本数を変える	良い	段階的(ステップ状)出力変更	連続大洋航海中

【解説】蒸気タービンの調速

蒸気タービンの出力は次のように表される。

出力 $= K \times \eta \times G \times \Delta h$ [kW]

K：常数 $=3600$

η：タービン効率 $= 80 \sim 85$ %

G：蒸気消費量 [kg/h]

Δh：蒸気のタービン内熱落差 [kJ/kg]

したがって出力の変動に対して η を一定とすれば，出力はタービン熱落差か，蒸気消費量か，あるいはその両方を同時に変化させることによって行うことができる。タービンに入る初蒸気を絞り弁によって絞り，熱落差 Δh の変化によって調速を行うものをノズル絞り調速という。

蒸気の初状態を変えないでノズル数，すなわち蒸気の流路の断面積を変え，蒸気消費量 G を変化させて，出力調整を行う方法として，ノズル加減調速法がある。

また上記両形式を合わせた出力調整法を絞り流量調速法という。

問6 蒸気タービンの損失にはどのようなものがあるか，内部損失と外部損失に分けて説明せよ。

答 ＜内部損失（Internal Loss）＞

タービンケーシング内の各段落で発生する損失であり，ある段落で蒸気漏洩などの損失が発生してもそれは次段落において一部は再び熱となって蒸気に返される（再熱される）ため全部が損失にはならないようなものをいう。

内部損失には次のようなものがある。
- ノズル損失：ノズルで起こる蒸気の摩擦損失
- 羽根損失：蒸気の翼通過時に発生する摩擦損失，渦流れによる損失，蒸気の衝突による損失
- 排気残留速度損失：排気に残っている速度エネルギ
- ロータの回転損失：ロータの回転によって起こる損失，通風損失
- 内部漏洩損失：タービン内部で起こる漏洩損失で，翼とケーシング，翼と仕切り板との間の蒸気漏洩損

＜外部損失（External Loss）＞

熱として再び回収しえないような損失で，タービン外部へ放出される熱損失である。

外部損失には次のようなものがある。
- 外部漏洩損失：ケーシング両端のラビリンスパッキン部グランド蒸気漏洩損失などの回転気密部分からの漏洩
- 機械損失：軸受，スラスト軸受，減速歯車などによる機械摩擦損失や，オイルポンプ，ガバナなど主軸による駆動損
- 流出損失：最終段落からの排気損失
- 放熱損失：ケーシングからの輻射放熱損

2 蒸気タービン

問7 衝動タービンの段落線図効率とは何か。

答 蒸気タービンの1つの段落内で発生する損失の主なものには，ノズルで起こる蒸気の摩擦損失（ノズル損失）や蒸気が回転羽根を通過する際に発生する摩擦損失，渦流れによる損失，蒸気の衝突による損失（羽根損失）および排気残留速度損失といわれる排気に残っている速度エネルギがあるが，これらの損失によって，その段落の発生仕事量は減少する。

これを段落線図効率というが，その値は

$$段落線図効率 = \frac{\{理論仕事 -（ノズル損失 + 羽根損失 + 排気残留速度損失）\}}{理論仕事}$$

として表すことができる。

問8 2つの蒸気タービンが相似で，タービン入口および出口の蒸気状態が同じとすれば，両機の出力および回転数はそれぞれどのように相違するか。

答 2台は相似であるから，各寸法は比例と考えて，蒸気流量はノズル断面積に比例する（断面積は直径の2乗に比例する）。

熱落差は変わらないから，諸効率が等しいとすれば，両タービンの出力は蒸気流量に比例する。どんなタービンでも線図効率は最大に設計するから，両タービンとも等しいと考えてよい。いま対応する部分の周速度を等しくするには回転数と直径は逆比例しなければならないから，線図効率が等しければ，回転数に逆比例した寸法に決めなければならない。

以上から，出力の関数である蒸気量が寸法の2乗に比例するから，出力は寸法の2乗に比例し，回転数は寸法に逆比例して変化する。

問9 蒸気タービンに過熱蒸気を使用する場合の利点をあげよ。

答 入口蒸気温度と背圧を一定にして，初圧を増加するほど熱効率が上昇する。同様に初圧，背圧を一定にして入口蒸気温度を上げた場合も熱効率が増加する。

タービン入口の蒸気の温度が高いほど排気の湿り度は低くなり，ノズルで膨張する部分が多くなるため，タービンの効率は上がる。

したがって初圧，初温共に高い方がタービン効率は良い。このため過熱蒸気が用いられる。

> **問10** 蒸気タービンのノズルについて，ノズルの出口圧力が入口圧力に対する臨界圧力より高い場合および低い場合は，それぞれどのようなノズルを使用するか。
> また，次のタービンはどのノズルを使用するか。
> デラバルタービン，ラトータービン，カーチスタービン，ツェリータービン

答 末広ノズル（中細ノズル，Divergent Nozzle）は，ノズルの途中が細くなっており，ノズル入口圧力 P_1 に対しノズル出口圧力 P_2 が臨界圧以下（$P_2 < P_C$）のノズルである。したがってノズルの中央部にノズルの"のど"を有する。デラバルタービンやカーチスタービンなど，圧力降下の割合が大きい機種に用いられる。

先細ノズル（Convergent Nozzle）は，ノズル出口にいくに従い細くなった形状をしており，ノズルを出た後の蒸気圧力が臨界圧に等しいか，または大きい（$P_2 \geqq P_C$）場合に用いられるもので，"のど"部を有しない。ノズル出口面積はノズル出口の蒸気圧力が臨界圧に等しいとき，最小となる。

平行ノズル（Parallel Nozzle）は先細ノズルの一種で，ノズル出口の蒸気の流出方向を正しくするために，流出端を延長して平行部分を設けたものである。先細ノズルや平行ノズルはツェリータービンやラトータービンに用いられる。

【解説】 臨界圧，ノズルの"のど"とは

いま，蒸気をノズル出口に向かって断熱膨張させたとき，ノズルの断面積は圧力の低下にともない，初めはしだいに小となり，ある位置で最小となる。さらに圧力が下がると，逆に断面積は大きくなる。最小断面積のあたりは単位断面積に対する蒸気の流量は最大となる。このように，断面積が最小のところをノズルの"のど"と言い，"のど"

の圧力を臨界圧（Critical Pressure, PC）と呼ぶ。ノズルの形状はこのようなノズル部における蒸気の膨張の状態から分類されている。

問11 蒸気タービンにおける反動度を説明せよ。

答 軸流反動タービンでは1段落が静翼と動翼の組合せで構成されている。動翼内だけの断熱熱落差と1段落（静翼と動翼内）での全断熱熱落差との比を反動度と定義している。一般的に反動度が0.5以上のものを反動タービン，0.5未満のものを衝動タービンと分類している。

問12 蒸気タービンを定格負荷以外で運転した場合，不経済な運転となる理由を述べよ。

答 出力が小さくなるほどタービン効率と熱落差の減少割合が増加するので，蒸気消費率が増えることになる。とくに絞り調速においては熱落差の減少がはなはだしいので，蒸気消費量がより増加することとなる。出力が定格より大きい場合は，熱落差が同じでもタービン効率が低下するので，蒸気消費率が増加し，不経済となる。

問13 後進タービンの出力はどのように決定されるか。

答 後進タービンの出力に対する法的な基準値はないが，後進タービンの出力は前進全出力から停止するまでに要する時間と距離や，減速歯車の強度に大きな影響を与えることから，一般的に
ⓐ 後進回転数が前進定格回転数の50％のとき，前進定格出力の80％のトルクを発生できること
ⓑ ⓐの場合に必要な蒸気量が前進定格時の所要蒸気流量以下であること
ⓒ 前進定格回転数の70％の回転数で連続（30分程度以上）後進運転ができること
が要求される。

> **問14** 蒸気タービンにおいて，入口蒸気の初温，初圧の影響について述べよ。

答 入口蒸気温度と背圧を一定にして，初圧を増加するほど熱効率が上昇する。同様に初圧，背圧を一定にして入口蒸気温度を上げた場合も熱効率が増加する。

　入口蒸気温度と背圧を一定にして，初圧を高めると，タービンの排気の湿り度が増加することがわかる。この結果，タービンの回転羽根の腐食，摩擦などの障害を起こすことになる。これらの障害を防止するため，タービン出口の蒸気の湿り度は12％以下（かわき度88％以上）に制限されている。湿り蒸気中で作動するときのタービンの効率は，かわき飽和蒸気中で作動するときの効率に比べて湿り度1％増加する毎に1％程度減少する。

　一方，初圧および背圧を一定にして初温を高めるときは，タービン内での状態変化が，タービン入口の蒸気の温度が高いほど排気の湿り度は低くなり，ノズルで膨張する部分が多くなるため，タービンの効率は上がる。最近の舶用蒸気タービンでは，初温は510～515℃が一般的である。

2-2　蒸気タービンの構造

> **問1** 再生タービン，再熱タービンとはどのようなタービンか。またその利点は何か。

答 再生タービンは，タービンの膨張段落の途中数カ所から，蒸気の一部を抽出して給水加熱などに利用するものである。これによって復水器に捨て去る熱量は，復水タービンにおけるよりも減少する。抽気のためにタービンの出力は減少するが，タービンプラント全体の効率は上昇する。

　再熱タービンはタービン内において蒸気が各段落で膨張途中の段階で抽気し，ボイラの再熱器に導いて再加熱し，過熱蒸気として再びタービンに導いて，以後の膨張を続けさせるもので，タービンの最終段落の水分を減少させ，羽根車の侵食を防止すると共に，熱効率の向上を計る。

<再生タービンの利点>
- タービン効率が増加する。
- HP部の蒸気量が増加し，羽根の長さが増加し，設計が容易になる。
- LP部の蒸気量が減少し，排気損失が減少し，効率が上がる。
- 湿り蒸気の抽出は，有効にドレンを排出すれば水滴による悪影響を軽減できる。
- ボイラ給水温度を高めることができるので，ボイラの熱応力を軽減できる。

<再熱タービンの利点>
- サイクルの理論熱効率が上がる。
- 湿り度により，損失となる原因の大部分を防止できる。

問2 蒸気タービンのブレード（翼）に関して，テーパ羽根を用いる目的は何か。また，テーパ羽根は，タービンのどの部分にふつう用いられるか。

答 羽根の厚さは一般に根元（Rootという）から先端（Tipという）まで一様であり，このような羽根をストレート羽根というが，LPタービンの羽根などで，非常に長い羽根では，次のような羽根が用いられる。

ⓐ テーパ羽根

羽根の長さが長くなると，遠心力により引張り応力が過大になることがある。これを軽減するために，先端にいくにつれ，羽根の厚みを薄くしたもので，2割薄くすることで遠心力は半分以下になる。

ⓑ ねじり羽根

羽根の長さが増すほど，羽根の根元と先端における周速度の差は大きくなり，蒸気が羽根に入る角度に差が生じ，先端部では背面に当たるようになる。これを防ぐために，先端部の蒸気流入角度を広げた，ねじれ形状の羽根が使われる。これにより羽根への蒸気流入角度を翼根部と先端部で一様にすることができる。

ⓒ テーパ付きねじれ羽根

LPタービン最終段に用いられる。上記ⓐ，ⓑの特長を組み合わせた羽根である。

問3 羽根の固定（植付け）において，とくに注意する点としてはどのようなものがあるか。

答 羽根の取付け上，とくに注意する点としては
- ロータの高速回転による遠心力で羽根が飛び出さないこと
- ロータ回転中，振動が起こらないこと
- 取り付けるときに，歪を生じない方法で取り付けること
- 取付け作業が簡単なこと

以上の考慮がなされないと，高速回転中，温度変化につれて起こる膨張，収縮の影響から，羽根の取付け部に緩みを生じる。

問4 蒸気タービンの低圧段に発生する水滴による翼の浸食を防止するため，翼を保護する材料にはどのようなものがあるか。

答 翼の浸食は低圧段において蒸気中の水滴の速度が蒸気の速度の約 1/10 と遅いために動翼入口側の背面に衝突することによって生じる機械的作用によって起こる損傷である。したがって，これを防止するために以下のような方法がある（答としては材料に関した ⓐ で十分，ⓑ～ⓓ は参考）。

ⓐ 翼材としての強靭性を残して硬質な耐浸食性を持たせるために，翼の前縁にステライト（コバルト（Co）にクロム（Cr）25～32％，タングステン（W）5～20％，カーボン（C）0.5～3％を添加した合金）をろう付けする。

ⓑ 湿り度の大きい飽和蒸気タービン（原子力発電で使用される）では低圧段の翼の前縁に気水分離みぞを付け，そのみぞに沿って水滴を遠心力で外周へ飛ばして分離する。

ⓒ 遠心力によって飛散した水滴を捕集する気水分離室を仕切板や車室内周に設ける。

ⓓ 再熱サイクルを採用する。または，初温を上げる設計を行う。

2 蒸気タービン

> **問5** 速度複式衝動タービンは，ふつう船用タービン主機のどの部分に用いられるか。

答 速度複式タービン（カーチスタービン）は
- 少ない段落で大きな熱落差を消化できる
- 部分流入である

などの理由で高圧タービンの初段および後進タービンに用いられる。

> **問6** 羽根の固定部分（植え付ける部分）の形状には，どのようなものがあるか。

答 衝動タービンの羽根の取付けでは，ロータディスクの周囲を厚くして，溝を掘り，そこから羽根を順次押し込む溝型植付け法と，鞍型の突起をディスクに設け，これに翼をまたがらせたタイプの鞍型植付け法，フォーク型をしたディスクに，同じくフォーク型をした翼根を植え付け，固定ピンで止めたフォーク型植付け法がある。溝型植付け法には，周方向に溝を掘るものと，軸方向に溝を掘るものの2種類がある。鞍型タイプでは翼根が広がって外れないように，翼はめ込み部に突起が設けてある。フォーク型は低圧タービンなど翼が長くて幅広のものに用いられる。溝型植付け法は溝の形状によって次のような型に分類される。
- ばち型（鳩尾型）
- 鋸歯型
- T型（逆T型），2重T型
- クリスマスツリー型

以上は周方向に羽根を挿入する方法であるが，ロータの軸方向に取り付ける軸方向固定法もある。

> **問7** 蒸気タービンのロータにおいて弾性軸と剛性軸の相違を説明せよ。

答 羽根車の重心が車軸の中心線に一致していないときなど，これを回転し，ある速度になると軸のたわみが無限に大きくなり，やがて破壊する。このときの回転数を危険回転数という。

いま，遠心力によってたわみを生じ，これが車軸の弾性力と釣合いを保つときは，回転数を下げるほど弾性力も減少する。すなわち細長い，たわみやすい材料，軸を用いるほど安定する。弾性軸とはタービンの通常運転回転数を危険回転数の±20％くらいにとり，安定状態を維持するように設計された軸をいい，デラバルタービンに用いられる。剛性軸とは危険回転数以下に通常運転回転数をとり，ロータ中央部の直径を段々に大きくして中央部の曲げモーメント強度を増すことによって軸に剛性をつけたものをいい，カーチスタービン，ツェリータービンに用いられる。

【解説】＜弾性軸（Elastic Shaft）＞

タービンロータは理論的には完全な釣合いを保っているが，実際は多少の不釣合い状態となっている。このため振動が発生するが，振動周期と軸回転周期とが同調すると，そこに共振が起こり，ロータが激しく振動する。このときの回転数をクリティカルスピード（回転数）という。共振は1次共振点，2次共振点など，振動の波の節の数によって変わるが，少ないほど振幅も大きい。したがって1次共振点は回転数の低いところで発生する。そこで，これを回避する方法として，常用回転数を1次共振点より高くして回転させ，安定を保つようにした軸を弾性軸という。弾性軸は一定回転で回転するターボ発電機などでよく使われる。

＜剛性軸（Rigid Shaft, Stiff Shaft）＞

ロータ軸中央部を太くし，1次共振点より低い回転数を常用回転とした軸を剛性軸と呼んでいる。舶用蒸気タービンのように，出力，回転数が変化する機会の多いタービンでは，ほとんどが剛性軸を用いる。

問8 蒸気タービンの漏れ止め装置として最もよく用いられるラビリンスパッキンの作用を説明せよ。

答 ラビリンスパッキンは蒸気が高圧側から低圧側に向かって流れるとき，その間の流路に絞り部と広がり部を交互に多数設けることによって，蒸気の圧力を下げ，漏えい量を少なくさせようとするものである。その原理は以下のように説明できる。

　図はラビリンスパッキンの配置と，その位置に対応する圧力変化を示している。A点の圧力 P_0 は絞り部の A′ で圧力 P_1 まで降下し，広がり部 B に流入する。このとき，右の h-s 線図上で示すように，蒸気は絞り部で理想的には断熱膨張（AA′の変化）して速度を増し，エンタルピを減少させるが，次の広がり部でその速度エネルギは渦流となって蒸気を加熱して，等圧（P_1）変化でエンタルピを増加させ B 点の状態になる。これを繰り返して，ラビリンスの出口 F に達するときには圧力が P_5 まで低下する。結局，全体では状態は A から F への等エンタルピ変化とみなすことができる変化になる。

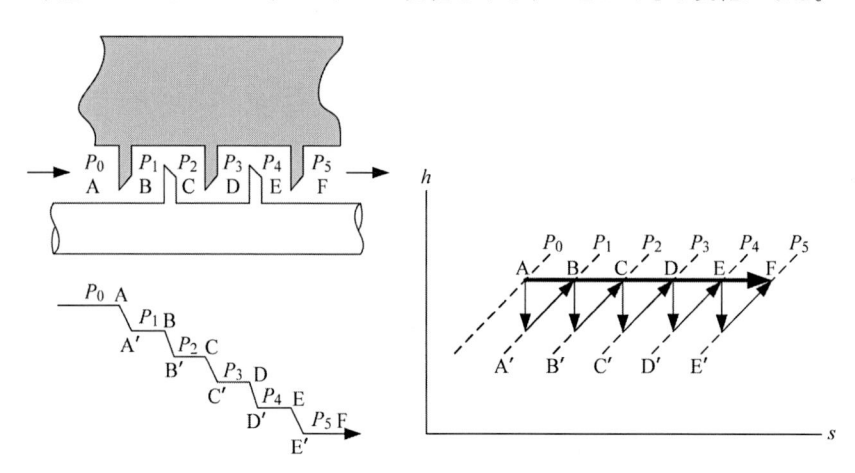

問9 復水器の過冷却を防止するためどのような構造とするか。また冷却管の冷却水側に生じる損傷を防ぐために，どのような対策がとられているか。

答 ＜過冷却防止構造＞
　　タービン排気が直接流入する復水器入口部の配管列は，熱通過率がと

くに大きいので，管巣を内側に食い込んだ形状にし，最初に蒸気が接する表面積を大きくしている。復水した水がさらに下部の管巣に接すると過冷却されるので，これを防ぐために管巣群を上下に二分するように邪魔板を設け，上部管巣群で復水した水はこの邪魔板に沿ってホットウェルに直接落ちるようになっている。邪魔板には多数の穴が開けてあり，上部管巣群で復水しなかった排気はさらにこの穴を通って下部の管巣群に接して復水する。なお，邪魔板に開けたこの穴の上面周囲には土手状の盛り上がりを付けることによって，邪魔板上を流れる復水がこの穴から下部管巣群に落ちないように工夫されている。

＜冷却水側浸食・腐食対策＞
- 水室内面に厚さ3mm程度のネオプレンライニングなどの合成塗料皮膜を施す。
- 軟鉄板や亜鉛板の犠牲陽極板を取り付ける。
- 冷却水に一定の間隔で硫酸第一鉄を投入して，冷却管内面に酸化鉄皮膜を作る。
- 冷却管入口部にナイロンスリーブを挿入する。
- 長い冷却管がタービンの振動に共振して破損するのを防ぐために，鋼板製の支持板を設ける。

問10 後進運転時の排気室温度上昇により，車室が過熱するのを防止するために，どのような方法があるか。

答
- 円盤状の排気そらせ板（デフレクタ）または案内板（ガイドベーン）を前進タービンと後進タービンの中間部のロータに設ける。
- 後進中間弁開閉時期に合わせて自動的に冷却水を噴射する装置を設ける。
- 下部排気室に妨熱板を設ける。

2-3 蒸気タービンの運転・取扱い

> **問1** デュアルタンデムクロスコンパウンド蒸気タービンにおいて，LPタービンが故障のためHPタービンによる単独運転を行う場合の要領を述べよ。

答 前進および後進レシーバパイプ（クロスオーバパイプ）を取り外し，非常用排気管（HPタービン出口と復水器入口を連結する管）を取り付け，LPタービンの前進および後進蒸気入口には盲板を取り付ける。これによってHPタービン排気を直接復水器へ排出できる。
　具体的には以下の通りである。
① ボイラ出口の過熱蒸気管と緩熱蒸気管の非常連絡弁を開け，緩熱蒸気を使用する。
② クロスオーバパイプを取り外し，HPタービン出口から直接主復水器に排気する非常配管をつなぐ。LPタービン入口や出口には盲板をする。可能であればLPロータを外し，軸貫通部に盲板をする。
③ 故障の状況に応じ，LPタービン側たわみ継手を外す。LPロータの回転を固定する。
④ 主蒸気塞止弁付きの非常用操縦ハンドルにて操縦し，1/2熱エネルギ以下の蒸気を供給する。（0.5 MPa，250℃以下）
⑤ 主復水器につながるLPタービン側のドレン弁などは閉鎖するが，可能な限り潤滑油は供給する。
⑥ LPタービン側抽気ラインは閉鎖する。
⑦ 後進タービンは低圧タービンに設けられているから，後進タービンへの蒸気ラインには盲板を入れ，後進中間弁はロックする。

> **問2** デュアルタンデムクロスコンパウンド蒸気タービンにおいて，HPタービンが故障のためLPタービンによる単独運転を行う場合の要領を述べよ。

答 過熱蒸気をそのまま LP タービンで使用することはできないから，ボイラ緩熱蒸気管とタービン入口蒸気管を非常配管し，タービン蒸気ラインに緩熱蒸気が流れるようにする。次に主蒸気レシーバから LP タービン入口への非常用配管をすると共に HP タービン入口には盲板を入れて遮断する。

具体的には以下の通りである。

① クロスオーバパイプを取り外し，主蒸気操縦弁手前から LP タービン入口へ非常配管をつなぐ。HP タービン入口には盲板をする。
② ボイラ出口の過熱蒸気管と緩熱蒸気管の非常連絡弁を開ける。
③ 故障の状況に応じ，HP タービン側たわみ継手を外す。HP ロータの回転を固定する。
④ 主蒸気塞止弁付きの非常用操縦ハンドルにて操縦し，1/2 熱エネルギ以下の蒸気を供給する。(0.5 MPa，250℃以下)
⑤ 主復水器につながる HP タービン側のドレン弁などは閉鎖するが，可能な限り潤滑油は供給する。
⑥ HP タービン側抽気ラインは閉鎖する。

問3 長時間運転後，タービンを停止し真空を上げたままターニングを行わないで放置すると，どのような不具合が生じるか述べよ。

答 タービン軸が上向き弧状に変形する。なぜなら車室内の温度分布は対流作用によって上部の方が温度が高く，下部は低くなる。したがって下部は収縮し，上部は膨張し，上向き弧状に変形する。

問4 蒸気タービン異常振動発生時の原因，処置と調査事項をあげよ。

答 原因としては
- LO の圧力不足や不安定流れ
- 軸受の異常摩耗や焼損による軸中心の狂い

- 羽根の折損などによるアンバランス
- 暖機不十分によるロータと車室の膨張の不均一
- ロータの偏曲などによるロータの接触
- ボイラのプライミングによるキャリオーバやドレン排除不十分またはドレンの浸入による羽根への過大なトルク
- ロータ，羽根の局部的な冷却
- 危険回転数域での運転

などが考えられ，それらに対応した対策が必要である。

　調査すべき事項はLO温度，圧力，振動時の回転数，機室温度，ハンドル位置，海象，ボイラの運転状態，暖機時間，ドレンの排除状況，振動の強弱の箇所，グランド蒸気状態などである。

> **問5**　ドレンによる蒸気タービンへの影響について述べよ。またドレンの排除方法についても述べよ。

答　<影響>
- ブレードの浸食，切損，ドレン中のスケール付着によるアンバランス，振動発生，発錆
- 異常スラストの発生，衝撃による折損，軸受焼損
- T/Gなどではドレンの浸入による温度低下，エンタルピ低下による過負荷，ロータ曲損，屈損，ブラックアウト

<排除方法>
- ノズルと回転羽根または固定羽根と回転羽根の間のケーシングに溝を設けて，遠心力によって周囲に飛び出す水を排除する。
- ドレントラップ，ドレン弁を活用する。
　　ドレントラップにはディスク式（フロート式），バイメタル式，電磁弁式がある。
　　ⓐ　ディスク式はドレンの圧力で弁を押し上げてドレンを排除する。
　　ⓑ　バイメタル式はドレンと蒸気との温度差によってバイメタルの伸縮を利用し，弁の開閉を行わせ，ドレンを排除する。

問6 主復水器の真空維持について注意する点を述べよ。

答
- 主循環水ポンプの送水量，海水温度を適正範囲に保つ。
- 復水ポンプの作動，エゼクタまたは真空ポンプの作動を正常に保つ。
- 主復水器の冷却管の汚れ，閉塞を防ぐため，保全を行う。
- 主機付きドレン弁の開閉を正しく行い，グランド部やフランジ部からの空気の侵入がないようにする。
- 主復水器へ流入する排気ライン途中の各弁グランドやフランジからの空気の漏洩を防ぐ。
- 主復水器の復水レベルを正常範囲に保つ。

問7 後進タービンについて，後進運転時の注意事項を述べよ。

答
- 主復水器の真空度をできるだけ高く保持し，前進タービンがその翼車回転損失によって過度に加熱されないようにする。
- タービン内部の音，振動，低圧タービン排気室温度，軸受温度などに注意する。
- 後進全力運転は連続して30分を超えないようにする。
- 長時間の後進運転後に前進運転に切り替える場合には，十分時間をかけて増速していく。

問8 蒸気タービン付属の主復水器の真空が，急激に低下する場合の原因を述べよ。

答 復水器の管理で注意する点は，復水器真空の低下であり，一般的に次のような原因が考えられる。
- 復水器内への空気の浸入

　　主復水器へは主蒸気タービンからの排気だけでなく，ターボ発電機排気，造水器エゼクタドレン，給水加熱器ドレンなどが流入しており，それらのどこかで大気とつながっていると，復水器真空は低下する。

2 蒸気タービン

- エゼクタの能力減退,作動不良
- 復水ポンプの能力減退,作動不良
- 冷却水量の不足
- 海水温度が高すぎる
- 冷却管へのスケール付着
- グランドパッキン蒸気圧力が正常でない

　ここで,蒸気タービンの復水器における復水温度が真空度に対応する飽和温度と相違することがあるが,復水器の圧力は空気の分圧と蒸気圧力との和で示されるので,空気量が多ければ復水器圧力は復水温度に相当する飽和圧力よりも高くなる(真空度が下がる)点に注意が必要である。

問9　排気主管(エグゾーストメイン)とは何か。また排気主管とバックアップ弁,メイクアップ弁,スピル弁の関係について述べよ。

答　脱気器(ディアレータ)の加熱蒸気は主給水ポンプ駆動タービンの排気と主機の抽気(高圧・低圧タービンの中間点からの抽気:たとえば2段抽気)が使用されている。脱気器はエンジンルームの高所に,主給水ポンプは低所に設置されている(主給水ポンプの有効吸込み水頭確保のため)。この両者を結ぶ配管は比較的管径が大きく,エンジンルームを垂直に長い距離で設置されていて目立つので,特別な名称(排気主管)が与えられているものと推測される。

　ところで,停泊中・航海中にかかわらず,また主機の負荷の大小にかかわらず,脱気器には給水を加熱する役目と脱気(脱酸素)の役目がある。したがって脱気器を加熱する蒸気の圧力(排気主管の圧力)はさまざまな運転条件でも常に一定範囲に保つ必要がある。この働きを,バックアップ弁,メイクアップ弁およびスピル弁で行っている。通常の経済運転中(もちろん抽気運転中)は,脱気器の加熱蒸気は主給水ポンプの排気と主機からの抽気でまかなうように設計されている。メイクアップ弁が開き,抽気が利用されていて,他のバックアップ弁およびスピル弁が全閉になっている状態である。しかし主機の負荷が小さく抽気が利用できないときや停泊中は,不足する分を

バックアップ弁が開きボイラからの緩熱蒸気を直接流すようになる。逆に負荷の急増などにより一時的に排気主管の圧力が上がり過ぎるような場合には，ディアレータの保護のため安全弁が吹く前にスピル弁が開いて復水器へ逃がすようにしている。この場合，水は回収されるが，熱は復水器で海水に捨てられるため損失になる。上記の関係で各弁の開度が決まるように，開閉のタイミングを決める圧力設定値が各弁に与えられている。

問10　タービンプラント内の水はどのように補給されるか述べよ。

答　主蒸気タービンプラントでは密閉給水方式を採用しているのが普通であり，密閉された空間内を液体になったり気体になったりするものの同じ水（もちろん蒸留水）が循環している。この密閉系統内の水は通常は減少する。その最も大きな要因は缶水のブローであるが，それ以外にも各グランド部からの漏えい，ボイラスタートアップ時の起動弁からの大気放出など，系統内の水は常に減少する。この減少した分を蒸留水タンクからの水で自動的に補給する仕組みが必要である。ただし，蒸留水タンクの水は大気に触れている水なので，脱気器（ディアレータ）の手前の復水系統に注入することが肝心である。

　ところで，密閉系統内の水は，主にボイラ内，復水器内および脱気器内と，残りは途中の配管内に存在する。ボイラおよび復水器（のホットウェル）水位は自動調整されているので，保有水の減少は脱気器のレベルに表れ，この水位の減少を検出して補給する仕組みを設けている。具体的には

①　脱気器のレベル減少を検出
②　補給水メイクアップ弁が開く
③　蒸留水タンクの水がドレンコレクティングタンクへ流れる
④　ドレンコレクティングタンクの水位が上昇し，タンク付きポンプの吐出側水位制御弁が開き，同ポンプの圧力で脱気器手前の配管へ水を注入する

【解説】ドレンコレクティングタンクは各部からの漏えい蒸留水を回収するタンクであり，再使用可能な水なので，これらの綺麗な水を再利用する仕組みの中に新規の蒸留水を補給する仕組みを合体したものといえる。

2-4 蒸気タービンの安全・点検・検査

問1 停泊中における蒸気タービンの点検整備箇所を述べよ。

答
- タービン内部をできるだけ乾燥状態に保つ。
- 定期的に車軸を回転して位置を変え，ロータの曲がりを防止する。
- LO は LO 清浄機で清浄し，LO サンプタンクをきれいにする。
- 主軸受やスラスト軸受のスラストを計測し，摩耗量を調べる。
- コンデンサチューブの汚損が見られるときはチューブの掃除をする。
- 減速歯車，LO ストレーナ，たわみ継手，軸受などを必要に応じ開放点検し，異常の有無を調べる。
- 操縦系統を点検し，リンクの緩みや配線の断線の有無を調べる。

問2 蒸気タービン車室の上半を開放する場合の手順，（検査および）計測する箇所をあげよ。さらに復旧する場合の注意事項をあげよ。

答 ＜開放＞
① 完成図によって構造を熟知する。
② 横継手ボルトその他の連結を絶った上，水平状態で車室上半を吊り上げる。吊上げ時はガイドの目盛りを見ながら平均に吊り上げ，四隅に支柱を立てて支える。
③ ロータ位置，ロータと車室間の隙間，環境温度や車室，軸受の取付け位置には，マークを打っておく。

＜計測・点検箇所＞
- 横継手ボルトの弛緩，発錆の有無
- ケーシング底部のドレン孔が閉鎖していないか
- ノズルに異物が詰まっていないか
- ブレードの亀裂，浸食状態
- 締付け部の弛緩状態

- 軸受給油状態，軸受部の摩耗，亀裂，色相状態
- 歯車面の摩耗，亀裂，変形状態
- 操縦弁，ノズル，仕切り板の偏摩耗，亀裂，腐食，発錆状態
- ラビリンスパッキン，テノン，シュラウドリング，シーリングストリップの折損，摩耗，ドレンアタックの状態
- ケーシング膨張計の検査
- ロータの静的，動的バランス状態

＜復旧＞
① 圧縮空気などで内部を掃除し，落下物や，工具などの忘れものがないことを確認する。
② フランジ部には焼付き防止剤を塗り，メタルタッチ面が均一になっていることを確認する。
③ ロータ位置，車室とロータ間の隙間が適正値にあることを確認する。開放前に適切個所に打ったマーク位置に合っているか点検する。
④ ガイドを立て，ガイドに沿って平均にケーシングを下ろす。
⑤ 継手ボルトを均一に締め付ける。締付けは，予熱したケーシングとボルトを均一に締め付ける。

問3 蒸気タービンや減速歯車のオーバホールに際し，どのような点を綿密に検査しなければならないか。

答
- 歯車，歯面の腐食，摩耗，欠損の状況
- LOスプレイノズル部の異物の有無
- 主スラスト軸受およびスラスト軸受の軸受摩耗状態
- ブレードの面の腐食，摩耗，欠損，色相の点検
- テノン，シュラウドリング，ラビリンスフィンなどの検査
- ケーシング当り面，仕切り板の緩み，異常の有無

問4 蒸気タービンのジャーナル軸受の摩耗量（沈下度）を計測するには，どのような方法があるか。

2 蒸気タービン

答 軸受の摩耗計測には，ブリッジゲージ，マイクロメータが用いられる。マイクロメータを HP タービン FORE 側 LP タービン AFT 側の所定の位置に設定し，検査穴から挿入してロータとの接触位置（深さ）を計測し，基準隙間と比較する方法で行う。ブリッジゲージを用いる場合には，軸受カバーおよび上部軸受を外し，ブリッジゲージを取り付け，ドエルピンで位置決めをして，ボルトで固定する。ブリッジゲージの頂部および水平部の突起箇所とロータ軸との隙間を隙間ゲージで実測して，基準隙間と比較する方法で行う。

問5 蒸気タービンにおいてタービンスラスト軸受の摩耗計測法を述べよ。

答 摩耗計測は隙間ゲージ，摩耗計測用マイクロメータにより行われる。具体的には
① タービン軸前端に軸移動専用治具を取り付ける。
② マイクロメータを所定の位置にセットする。
③ 軸移動治具でスラストカラーがパッドに当たるまでタービン軸を前方に引っ張る。
④ 軸移動治具でスラストカラーがパッドに当たるまでタービン軸を反対方向に押す。
⑤ ③のときと④のときのマイクロメータの読みの差が現在の隙間となり，過去の計測値と比較して摩耗量を算出する。

問6 減速歯車の点検要領を述べよ。

答 点検窓の開放時にはガスの充満を防ぎ，換気をする。
　点検時に必要なもの以外は持ち込まず，ギヤケースへの落下防止策をとること。
　点検のポイントは
- 歯面にピッチングが発生していないか
- 歯面の当り

- 焼付き，傷や損傷がないか
- 潤滑油の注油は適切に行われているか
- 潤滑油中に金属粉などがないか

> **問7** タービン軸の静的釣合い試験と動的釣合い試験の違いについて述べよ。

答 タービンロータは，わずかな不釣合いがあってもそれが振動の主要因となる。したがってロータを車室に納める前には，必ず釣合い試験を行う。釣合い試験の方法には，静的釣合い試験と動的釣合い試験の2つの方法がある。

- 静的釣合い試験（Static Balancing Test）

  水平に置かれた2本の先端の細いレール上にロータ軸を乗せ，これを回転させる。もし，不釣合いがあれば，決まった位置で重心が下に来て停止するので，反対側に重りを付けて不釣合い重さを決定し，それと反対側の位置から同重量の穴をあけてバランスをとる。

- 動的釣合い試験（Dynamic Balancing Test）

  ロータを電動モータで共振回転数以上に回転させ，徐々に回転を下げて，共振点近くになっても振動が増加しないように，ロータを削ったり，バランスウエイトを付けたりして，釣合いをとるようにする方法である。具体的には，軸受にてロータの端を固定し，他の端は自由支持とする。一端をまず磁気クラッチによってモータと連結し，軸受機構の自然振動数は一般的に400サイクル/分であるから，それ以上の回転数に上げ，モータとの連結を絶つ。回転数を500～1000 rpmの範囲でロータの惰性によって徐々に低下させる。このとき，一端支持軸受で不釣合いがあると固定する軸受を通る垂直軸の周りに回転振動を成し，他端の自由支持軸受は水平方向往復運動を成す。したがって自由振動の振幅と位相を測定して釣り合う重さの位置と大きさを決定する。次に他方と組み替えてテストを行い，総合結果から判断する。

2-5 蒸気タービンの関連機器・その他

> **問1** タービン油には酸化防止剤，鹸化防止剤，防錆剤などの添加剤が入っているが，フォーミングを起こしやすい。この要因とその影響を述べよ。

答 ＜要因＞
- 新油を使用中，一時に多量に添加した
- LO の戻り管からサンプタンクに落下している
- LO 清浄機での清浄時に空気が混入している
- スプレイノズルから噴油している
- 圧力を受けた油が油霧になって軸受の端から噴出している
- 軸受中で高速回転のため真空が生じ，空気が混入している
- 懸濁物質が混入している

＜影響＞
- 潤滑油の酸化が助長される
- LO ポンプの吸引が悪くなり，圧力低下，トリップ，焼損の要因となる
- 潤滑油に混入した空気の粒が減速歯車において歯車のピッチングの要因となる

> **問2** 操縦装置において，操縦弁の動きを制御するために設けられるタイムスケジュールとは，どういうものか。

答 ハーバーゾーン内では，ハンドル操作にしたがって回転数設定位置に主機回転数が追従するよう時間遅れなしにガバナが作動する。しかし航海領域に操縦ハンドルが入ると，時間遅れなしにガバナを追従させることによって，過激な熱応力を主機関に与えることとなるため，通常 1 分間に 1 回転の割合で主機をゆっくり増速する。これを自動的に行わせるためにあらかじめセットされた自動増速と自動減速プログラムのことをいう。

問3 操縦装置において，操縦弁の動きを制御するために設けられるオートスピニング装置とは，どういうものか。

答 高圧高温の蒸気タービンでは，あまり長くタービンロータの回転を停止の状態にしておくと，高圧初段落のロータが局部的に熱放射によって湾曲する恐れがあるので，主機停止中でも前後進にゆっくりタービンを回転させる必要がある。この操作を遠隔で自動的に行わせるものを，オートスピニング（Auto Spinning）装置という。一般的にタービン停止は3分以内としている。

【解説】 舶用蒸気タービンとしては衝動タービン（Impulse Turbine）がよく用いられるが，この場合，初段にはカーチス段落がよく用いられる。500℃前後の蒸気はまずカーチス段落で一度に膨張するので，ノズル出口は通常300℃程度に温度は下がっているが，蒸気の流れが停止すると，ノズル入口の高温蒸気の熱が輻射によりノズル出口側に伝わり，ロータを過熱する。したがってオートスピニングは出入港S/B中はタービンが停止すると自動的に投入されるシーケンスとなっている。

オートスピニングは以下の条件が成立すると自動的にスタートする。

- タービンが停止すること
- スピニングスイッチが入っていること
- 操縦ハンドルがSTOP位置にあること

3 ボイラおよびタービンプラント

3-1 ボイラの基礎

> **問1** 蒸気 h-s 線図で使用される比エントロピ，比エンタルピ，圧力，温度，比容積の単位について述べよ。また，3.0 MPa・300℃，3.0 MPa・250℃，2.0 MPa・300℃の蒸気で，エンタルピが最も大きいのはいずれか。

答 下の蒸気 h-s 線図で使用される各単位は，比エントロピ kJ/kgK，比エンタルピ kJ/kg，圧力 MPa（abs），温度℃，比容積 m³/kg である。

3.0 MPa・300℃（A 点），3.0 MPa・250℃（B 点），2.0 MPa・300℃（C 点）の蒸気で，エンタルピが最も大きいのは 2.0 MPa・300℃であるが，3.0 MPa・300℃とほとんど変わらない。

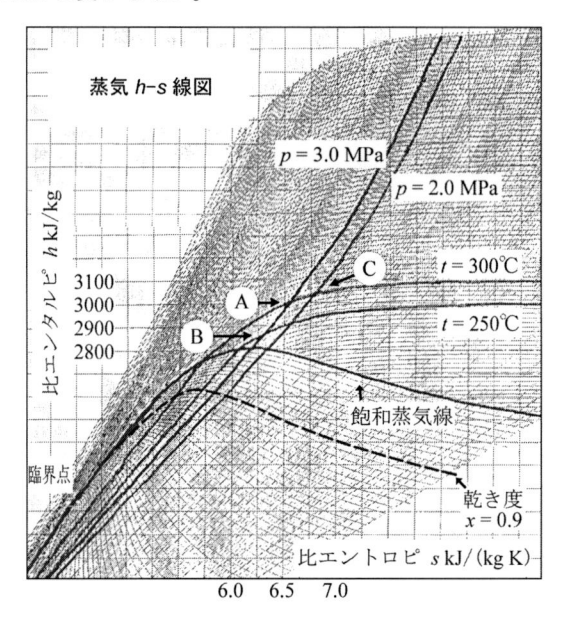

【解説】 質問のポイントは「エンタルピ（物質が持つ熱量）を上げるには，圧力ではなく，温度を上げる必要がある」ということである。

> **問2** 過熱蒸気を使用する利点は何か。

答 過熱蒸気とは，乾き飽和蒸気の飽和温度以上に過熱された蒸気をいう。

過熱蒸気は加熱に用いてもあまり利点はないが，蒸気タービンなどの動力源として用いれば多くの利点がある。つまり，同一圧力では過熱蒸気の過熱度が高いほど，その蒸気の保有熱量（比エンタルピ）は大きいので，熱エネルギを機械的なエネルギに変換するというような用途で大きな効果が得られる。

したがって，送気管中やタービンなどで温度が下がっても復水化しにくいので，タービン内での摩擦抵抗が少なく，タービンなどの腐食を軽減できる。また，蒸気の容量も大きいので，少ない蒸気量で大きな仕事ができる。

3-2 ボイラの種類と構造

> **問1** 船種によりどのようなボイラが採用されているか。

答 船舶に搭載される代表的なボイラは以下のようである。

- LNG船（タービン船）：2胴水管ボイラ（蒸気使用条件：6MPa，515℃または525℃）
- VLCC・大型タンカー：2胴水管ボイラ，水管式立ボイラ（蒸気使用条件：2MPa前後，飽和温度）
- 一般の外航船舶：水管式立ボイラ，煙管式立ボイラ，コンポジットボイラなど（蒸気使用条件：1MPa以下，飽和温度）
- 内航船舶：立ボイラなどの蒸気ボイラ（蒸気使用条件：1MPa以下，飽和温度）と熱媒油を使用した熱媒ボイラ

【解説】 内航船舶では，蒸気ボイラの代わりに熱媒ボイラが，タンカー，セメント船などに多く用いられている。

3 ボイラおよびタービンプラント

問2 2胴水管ボイラの略図を描いて，その構造および過熱器の取付け位置を説明せよ。

答 図（一例を示す）のように2胴水管ボイラは蒸気ドラム，水ドラム，蒸発管，降水管，水冷壁管，管寄せなどから構成される。大型タンカーの補助ボイラで，降水管を持たないものは，後部蒸発管の一部がその役目をする。

過熱器は，前部蒸発管と後部蒸発管の間に設けられ，前部蒸発管は2〜3列で，管のピッチは後部蒸発管の約2倍にしてある。船用では，このような位置に取り付けられた放射接触過熱器が採用され，負荷変動に対して過熱器出力蒸気温度があまり変化しないようにしている。

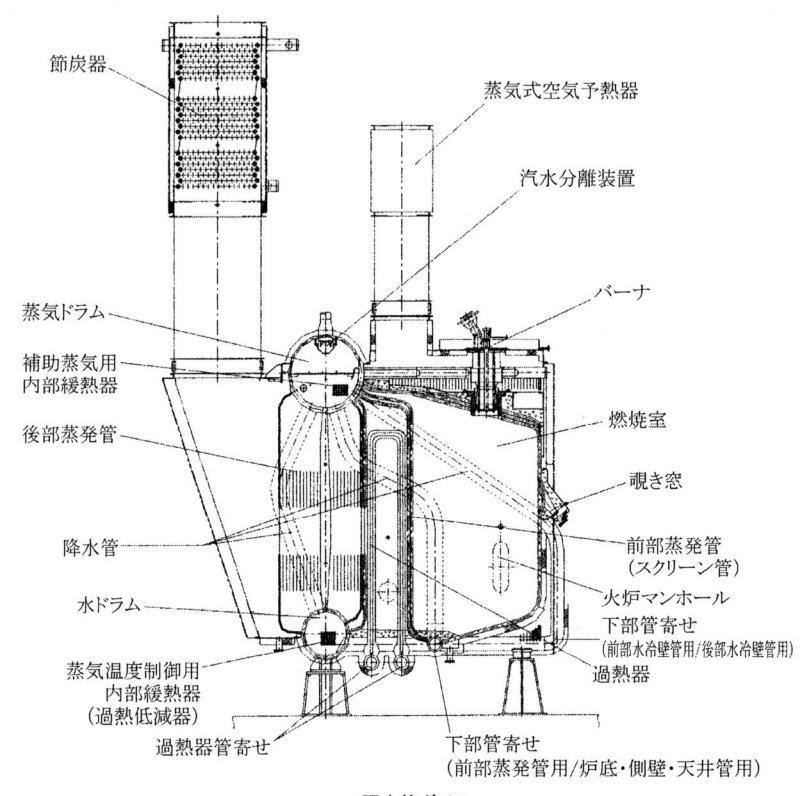

2胴水管ボイラ

問3 ボイラのマンホールについて説明せよ。

答 ボイラのマンホールの大きさは人が容易に出入りできる大きさで，長径375 mm，短径275 mm の楕円形が標準で，丸ボイラではボイラ胴の上部に，水管ボイラでは鏡板の中心部に設け，そのふた板は内ふた式としている。

また，ボイラ胴の上部に設ける場合は，ボイラ胴の縦断面に生じる応力は横断面に生じる応力の2倍という強度の関係にあるため，長径を円周方向に向けている。小型のボイラでマンホールを設けることができないボイラでは，掃除検査のため，どろ穴といわれる小穴を設けている。

なお，マンホールを設けるために穴をあけると，その部分の板の強度が減少するから，補強環を取り付ける方法，フランジ曲げによる方法などにより補強されている。

問4 緩熱器とはどのようなものか。

答 緩熱器（Desuperheater）とは，主に過熱器を出た高温高圧蒸気の一部を補助蒸気として使用するため，過熱蒸気を飽和温度近くまで温度を低下させる装置で，表面式（内部緩熱器）と噴射式（外部緩熱器）がある。実際の蒸気プラントでは過熱蒸気から補助蒸気をつくるために内部緩熱器（p.88 の図を参照）が使用されるのに対し，外部緩熱器は減圧弁のあとに設置され，蒸気の過熱度（温度）を下げる目的で使用される。

- 表面式

  熱交換器を使用するもので，主ボイラの蒸気ドラムの水面下または水ドラム内に冷却管と管寄せを設け，この管中に過熱蒸気を通し，ボイラ水との熱交換によって蒸気の温度を下げる方法である。

- 噴射式

  噴射式は給水を過熱蒸気の中に噴射させ，過熱蒸気から給水の蒸発熱を吸収して温度を低下させる方法である。

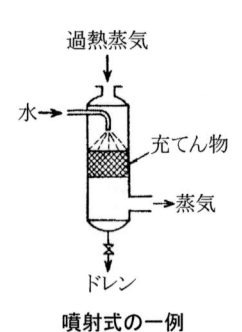

噴射式の一例

3 ボイラおよびタービンプラント

問5 ユングストローム式空気予熱器の構造と作動を説明せよ。

答 ガス式空気予熱器の中でも再生式といわれるもので，煙道熱ガスの接触により加熱された鋼板の伝熱エレメントが，次に空気と接触して熱を伝える方式である。

　排気管とエアダクトに回転筒（rotor）がまたがり，その内部に多数の波形鋼板（heating element）を加熱面として設け，これを通過する排ガスから熱を吸収し，次にその鋼板を一定時間空気に接触させて吸収した熱を空気に与える。このため回転筒は電動機で毎分3～5回転の速度で回転している。排気通路と空気通路はシーリング装置によりシールされ，相互間の漏洩はガス量の5～10％程度である。排気ガス中のすすの付着による低温腐食に対して，伝熱エレメントは耐食用として高温層にコーテン鋼，中低温層にエナメルコーティングの鋼板が採用される。

【解説】 ユングストローム式空気予熱器の概略図を示す。

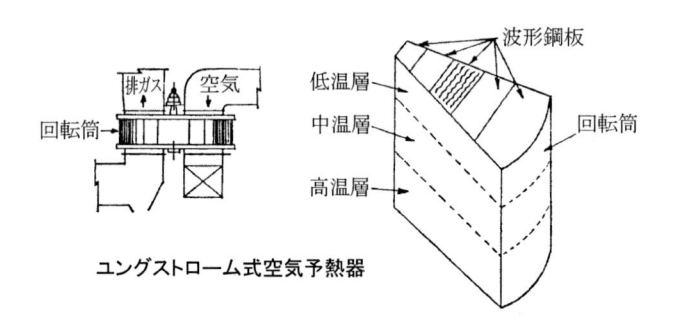

ユングストローム式空気予熱器

問6 蒸気式空気予熱器の設置場所と構造を説明せよ。

答 蒸気式空気予熱器は加熱管とそれを囲むケーシングとから構成される。ケーシング内部は空気通路となり，ボイラの空気ダクト中に設置される。加熱源はタービンからの抽気あるいは補機の排気などを使用し，したがって蒸気は加熱管内を流れ，空気は加熱管の外を流れる。

　蒸気は入口管寄せの一端から分かれて各パイプ（鋼管または銅合金管）内

を通り，出口管寄せに導かれ，各パイプの外側には伝熱面の拡大を図るため，銅，軟鋼，アルミなどのフィンが取り付けられる。

3-3 燃料および燃焼装置

問1 LNG船用主ボイラに使用されるガス燃料（BOG）の成分と性質について述べよ。

答 天然ガスは大気圧状態で約−162℃に冷やされると，凝縮して無色透明な液体となり，その容積が約600分の1，比質量は0.46程度になる。このLNGの成分は，約9割以上がメタン(CH_4)，残りがエタン(C_2H_6)，プロパン(C_3H_8)，ブタン（C_4H_{10}）などの炭化水素である。LNGは厳重に断熱を施したLNG船のタンクに入れて輸送されるが，それでも外から入ってくる熱によって一部は気化する。すなわちLNG船では，とくに冷却することはせず，外から入ってくる熱と気化熱をバランスさせ，−162℃を保っている。この気化ガスをボイルオフガス（BOG）と称し，タービン船の主ボイラの燃料として活用する。ボイルオフガスの特性を以下に記す。

- 液化直後は約−162℃の低温である。
- 常温では空気より軽い（漏洩しても地上に滞留しない）。
- 分子量が小さいために漏洩しやすい。
- 可燃性であり，空気との混合比5～15％で爆発性混合気体を形成する。
- 脱硫，脱酸，脱水されているので腐食などの悪影響は少ない。
- メタンが主成分であるため，炎が安定している。

問2 過剰空気について以下の問いに答えよ。
(1) 低空気過剰率にした方が良い理由
(2) 適正な空気比の判定方法

答 (1) 過剰空気が多すぎると炉内温度が低下する。また，伝熱面への放射

伝熱量が減少すると共に，ガス流動速度が上昇して接触伝熱量が減少する。このように熱損失も大きくなり多量の燃焼ガスが煙突から逃げていくので，完全燃焼ができる範囲内で低空気過剰率（空気比を小さく）にした方がボイラ効率を上げることができる。また，低温腐食を防ぐためにも過剰空気をできるだけ少なくする。

(2) 適正な空気比の判定方法とは，言いかえれば最低空気過剰率で完全燃焼しているかどうかである。燃焼状態の良否は，炉内の燃焼状況（暗明），スモークインジケータ（煤煙濃度測定）による煙突からの煙の濃淡などでもだいたいの見当がつくが，煙道ガスの成分を分析して判断する方法もある。ガス分析による良好な燃焼状態とは，重油燃焼において排ガス中の CO_2 が 12～14％で，多少の O_2（4～6％）を含み，COを含まないような燃焼である。

問3 LNG 船の燃焼装置について以下の概要を述べよ。
(1) 燃焼装置の主要構成機器
(2) 重油および BOG（ボイルオフガス）の配管

答 図に LNG 船用ボイラの燃焼装置の主要構成機器および配管について示す。(a)に燃焼の主要素である重油，BOG（ボイルオフガス），燃焼用空気の各貯蔵部，加圧部，加熱部，燃焼部を対比して示す。また，(b)は重油配管（FO Line），(c)は BOG 配管（FG Line）を示す。

LNG の自然蒸発により生じた BOG は L/D 圧縮機（Low Duty Compressor）でカーゴタンクから燃料として安定的にガスバーナに供給される。BOG カーゴタンク出口温度は積荷航海時（空荷航海時）-140℃（-110℃）程度である。その後，移送管で受熱されて BOG ヒータ入口では -110℃（-10℃）程度まで上昇する。BOG ヒータはこの低温 BOG 燃料をボイラに使用できる常温 30℃程度まで加熱するとともにガス燃料の温度を一定に保持する。BOGヒータと L/D コンプレッサはアッパーデッキ上にあるガスコンプレッサルーム内に配置され，機関室との間は MGV（マスターガス弁）によって仕切られている。ガス配管に異常が起こり，ボイラへのガス供給を遮断する場合には，この MGV が閉鎖される。GCV（ガス制御弁）は直接減圧によりガス

機関-1

流量を制御するのではなく，GCVの弁開度が一定となるようにL/D圧縮機へ信号を出力し，外乱によって変化するガス圧を制御する。直接のガス流量制御はL/D圧縮機の回転数とインレットガイドベーンでなされている。BGV（ボイラガス危急遮断弁）は各ボイラに装備され，ボイラ毎で異常があればインターロック（連動安全装置）が作動しBOGを遮断する。

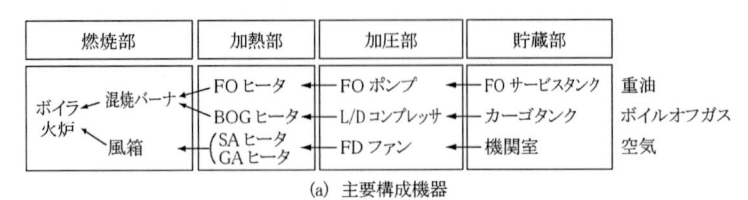

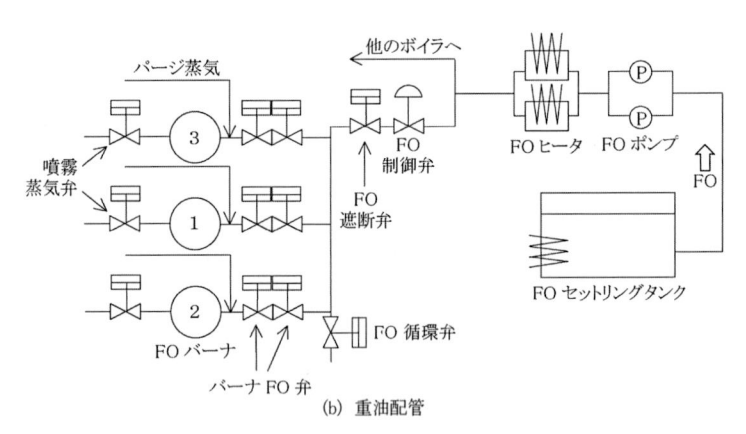

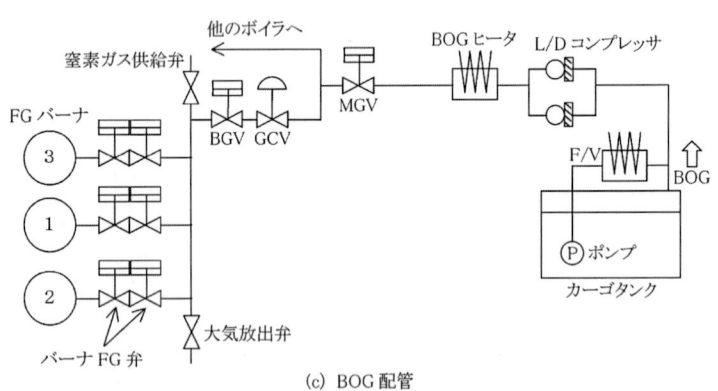

(a) 主要構成機器

(b) 重油配管

(c) BOG配管

LNG船の燃焼装置の主要構成機器とBOG配管（JIME）

問4 重油燃料の燃焼を良くするためにどのようにすべきか。

答 燃料の管理とバーナ周りの保守整備および適正な空燃比を維持することが必要である。重油の噴射圧力は高すぎると伝熱面に当たって発煙しやすく，低すぎると霧化が悪くなるので，バーナメーカの指示する圧力範囲にあるよう適正に加減することが必要である。重油の加熱温度は油の種類により異なるが，引火点より5℃低くする。この温度が高すぎると重油が炭化してバーナを詰まらせ，漏油時に火災を招きやすい。低すぎると重油の霧化が悪く，不完全燃焼し，発煙の原因となる。また燃焼用空気温度はできるだけ高くする。

【解説】 燃焼を良好に完全燃焼させる基本的条件は，燃焼過程における①温度，②混合，③時間により決まる。

温度については燃焼用空気や燃料温度をできるだけ高くし，炉内温度を燃料の着火点以上に保持すること。混合については燃焼用空気と燃料との撹拌を良くすること。時間については燃焼時間を十分与えるために燃焼通路を長くし，燃焼室の大きさを広くすることである。

問5 ボイラのアシスト蒸気，パージ蒸気について述べよ。

答 アシスト蒸気とは，圧力噴霧式バーナに採用される燃料の霧化をアシストする蒸気のことで，バーナ油圧0.7MPa程度以下では燃焼が悪化するので蒸気噴霧を行う必要がある。アシスト蒸気を使用すれば，火炉が温まり良好な状態ではバーナ油圧0.1MPa～0.2MPa付近程度まで燃焼可能となり，低負荷に対処できる。バーナ油圧0.7MPa程度以上ならば圧力噴霧だけでも良好な運転が可能であるので，アシスト蒸気を使用する必要はない。アシスト蒸気は0.25MPa程度で，できるだけ乾き蒸気であることが望ましい。使用蒸気に湿分が多いと，火炎の中にすじ（streak）ができ，また炉床に未燃油の滴下となって現れる。アシスト蒸気を使用中といえども，良好な燃焼を保持するためにはバーナ油圧を下げすぎてはならない。蒸気消費量は重油消費量の10～20％程度である。

パージ蒸気とは，バーナ消火時にバーナ内の燃料をパージする掃除用蒸気のことである。たとえば2MPa級ボイラのベースバーナ以外のバーナでは，バーナ消火指令後20秒間程度のガンパージを施行し，バーナ内の残油燃料をパージ蒸気により炉内で燃焼させ，ベースバーナ消火時には，パイロットバーナを点火してガンパージを施行し，バーナ内の残油燃料を炉内で燃焼させる。

> **問6** 蒸気噴射式バーナの特徴を述べよ。また，蒸気はどのように噴霧されるか。

答　蒸気噴射式バーナの特徴を以下に記す。
- 油粒が小さいので燃焼時間が短く，完全燃焼しやすい。
- 油量の調整範囲が大きい。（ターンダウン比：10～20程度）
- 低質燃料でも容易に燃焼させることができる。
- ノズルは比較的大きく，したがってノズルの掃除は圧力噴霧式バーナほど頻繁に行わなくてよい。
- 重油を霧化するために蒸気を必要とし，したがって水の消費量が増加する。
- 蒸気配管および蒸気圧力調整弁などが必要である。

　蒸気噴射式バーナには外部混合式と内部混合式があり，前者はノズルの先端で油と蒸気が混合し，後者はバーナ内部の混合室で油と蒸気が混合し，バーナチップの数個のノズルから噴射される。他に，最近の大容量バーナでは，蒸気と重油を混合管で混合させノズルから噴射させるYジェット形アトマイザがよく使用されている。これは，VLCC用ボイラのベンチュリ式バーナやLNG船用ボイラの重油・ガス混焼バーナの重油バーナのアトマイザとして採用される。なお，蒸気噴霧式バーナの霧化に使用する蒸気は，アトマイジング蒸気と称し，燃料と一緒に連続噴霧させる。

【解説】 ターンダウン比とは1個のアトマイザ（バーナチップ）で完全燃焼できる最小噴油量と最大噴油量の比をいう。

3-4 ボイラの自動制御

問1 LNG船用主ボイラのACC（自動燃焼制御）の概要を述べよ。

答 主ボイラの燃焼モードは重油専焼，重油/ガス混焼およびガス専焼の3通りが可能になっている。ACCは設定されたボイラ圧力になるように，フィードバック信号である缶圧信号とフィードフォワード信号である蒸気流量信号（または主タービンノズル弁開度）からマスター信号として出力し，このマスター信号により燃料量（FO流量またはFG流量）を制御し，最適燃焼のために空燃比を一定に保つように空気量を制御する。また，FO流量，FG流量および空気流量の各二次制御系を作ることにより応答性および精度を向上させている。図に，主ボイラのACCの一例を示すが，負荷変動時に空気流量と燃料流量の関係は常にエアリッチになるように，セレクタ（H/S, L/S）により制御され，燃焼ガスの発煙を防止している。

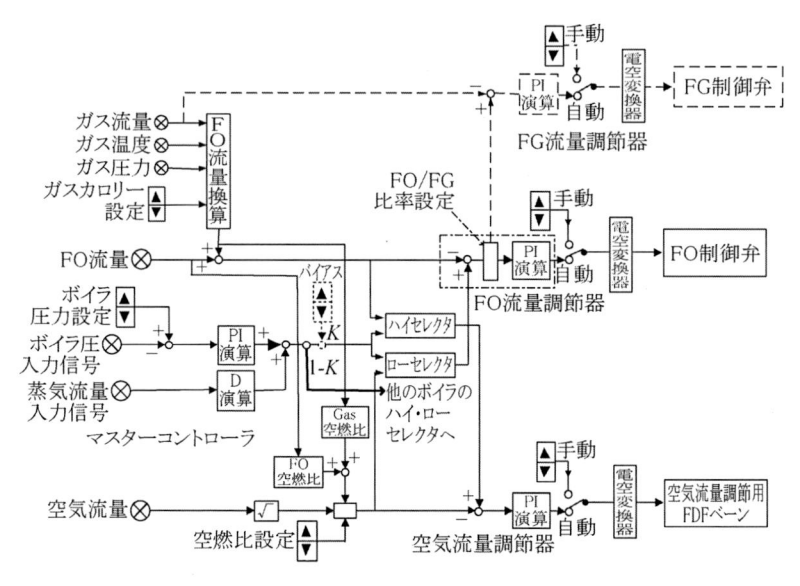

主ボイラのACCの一例

最近のタービン船のほとんどがLNG船である。LNG船ボイラのACCには以下の制御が組み込まれている。
- 蒸気圧力（ボイラマスター）制御
- 負荷分担制御
- 昇圧制御
- 燃料（FG/FO）比率制御
- FG流量制御
- FO流量制御
- 噴霧蒸気圧力制御
- 空燃比制御
- 燃焼用空気流量制御

問2 貴船のボイラの水位制御を説明し，採用の理由を述べよ。

答 水位制御はボイラの種類により異なる。丸ボイラのような蒸発量に対して保有水量の大きいボイラでは，ボイラ水位のみを検出して給水制御弁を開閉する1要素式給水制御が採用される。

また，保有水量に対して蒸発量が大きく，負荷変動の激しいLNG船および大型原油タンカーのボイラ（2胴水管ボイラなど時定数の小さいボイラ）では，ボイラ水位および蒸気流量を検出する2要素式給水制御（または給水量の検出を加えた3要素式）が採用される。

2要素式給水制御の採用の理由は，ボイラ水位の逆応答を防止するためで，1要素式では，給水制御弁はボイラ水位検出によるフィードバック制御のみで作動するが，2要素式では蒸気流量を検出することでフィードフォワード制御を取り入れている。

たとえば，2胴水管ボイラでは蒸発量に対して保有水量が少ないために，急激な負荷上昇により蒸気ドラム内圧は一時的に下がり，激しい沸騰状態となる。これにより，ボイラ水面はスウェル現象を起こし，見掛けの水位が上昇し，水位検出（1要素式）だけでは給水制御弁を閉めようとして逆応答を引き起こし，最終的には水位が不安定な状態となる。

問3 LNG船用主ボイラの燃料危急遮断弁のトリップ要因について述べよ。

答 LNG船用主ボイラにおいて，燃焼モード（FO/FG専焼および混焼）を問わず，ボイラおよび燃焼装置周辺に異常があればインターロックが作動して危急遮断弁がトリップし，警報を発する。トリップの形態は，①FO遮断弁トリップ，②BGV（Boiler Gas Valve）トリップ，③ボイラトリップ（FO遮断弁/BGV同時トリップ），④MGV（Master Gas Valve）トリップの4種類に分かれる。各トリップの要因について，作動値の例とともに次に記す。

- FO遮断弁トリップ：FO圧力低下（0.12 MPa），FO温度低下（100℃），噴霧蒸気圧力低下（0.15 MPa）
- BGVトリップ：FG圧力上昇（49 kPa），FG圧力低下（0.55 kPa），MGVトリップ
- ボイラトリップ：ドラム水位低下（NOR −230 mm），過熱器出口温度上昇（545℃），制御空気圧低下（0.4 MPa），電源喪失，全バーナ失火，CPU異常，FDFトリップ，手動トリップ，BMS制御装置異常
- MGVトリップ：FG温度低下（0℃），ESDS作動，MGV手動トリップ，両缶BGVトリップ，BMS制御装置異常，両ガスダクト排気ファン停止，ガス検知器作動，カーゴタンク圧力低下

問4 主ボイラの過熱蒸気温度を一定に保つSTCについて説明せよ。

答 STCとはSteam Temperature Controlの略で，実際の過熱器出口蒸気温度と設定値（515℃）の温度差をなくすように，過熱低減器と蒸気温度調整弁（STC弁）を用いて過熱器蒸気出口温度を一定にする制御をいう。

一次過熱器（解説図の①～④パス）を出た蒸気回路の途中から一部の蒸気を水ドラム内にある過熱低減器に導いて蒸気温度を下げ，同時に，オリフィスを通した蒸気と一緒に二次過熱器（⑤パス）に送り，最終的には過熱低減器のあとに設けたSTC弁で過熱蒸気出口温度を一定に調節する。なお，過熱低減器の原理，構造は緩熱器と同じ。

【解説】 STCの概要図の一例を示す。オリフィスは，流量調節のために，また過熱低減器の方向に流れやすくするために備えられる。

機関-1

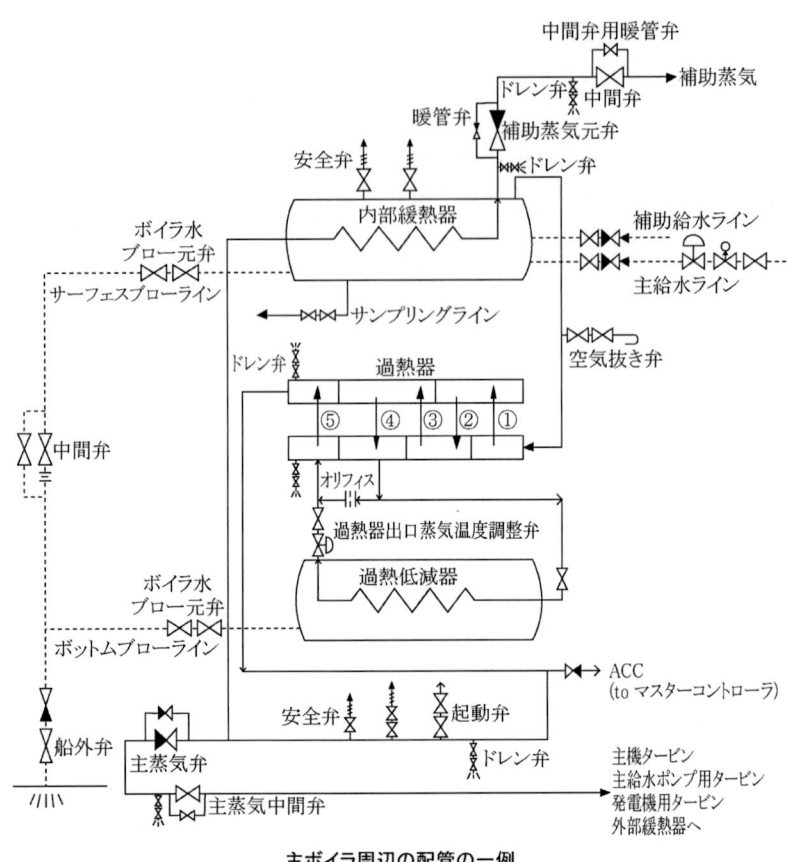

主ボイラ周辺の配管の一例

3-5 給水およびボイラ水

問1 先に乗船した船のボイラの水質管理項目とその基準値について述べよ。また，管理基準値を逸脱してはいけない理由を述べよ。

3 ボイラおよびタービンプラント

答 表に"船用ボイラの水質管理基準値"と"ボイラ水の管理項目とその目的"について記す。一般補助ボイラの場合には、①pH、②Pアルカリ度、③塩化物イオン濃度、④Mアルカリ度、⑤燐酸イオン濃度について、大型原油タンカー用ボイラでは⑥ヒドラジン濃度、また主ボイラでは、それらに加えて⑦シリカ、⑧電気伝導率の値をチェックしておく。(以前に乗船したときの船用ボイラの使用圧力と管理基準値を調べておくことが必要。)

管理項目の基準値を逸脱してはいけない理由は"ボイラ水の管理項目とその目的"の表に記した通り。

船用ボイラの水質管理基準値(栗田工業株式会社案)

船の種類	ディーゼル船						タービン船
ボイラの種類	丸ボイラ		水管ボイラ				水管ボイラ
最高使用圧力(MPa)	1以下		1以下		1〜2	2〜3	6MPa級
補給水の種類	原水	蒸留水	原水	蒸留水	蒸留水	蒸留水	蒸留水
給水 pH(25℃)	7〜9	8.0〜9.2	7〜9	8.0〜9.2	8.5〜9.2	8.5〜9.2	8.5〜9.2
硬度($mg\ CaCO_3/\ell$)	5	1	5	1	1	1	0
油脂類	低く保つことが望ましい	低く保つことが望ましい	低く保つことが望ましい	低く保つことが望ましい	低く保つことが望ましい	低く保つことが望ましい	低く保つことが望ましい
溶存酸素(mg/ℓ)	低く保つことが望ましい	低く保つことが望ましい	低く保つことが望ましい	低く保つことが望ましい	低く保つことが望ましい	低く保つことが望ましい	≦0.007
銅(mg/ℓ)	—	—	—	—	—	—	≦0.02
鉄(mg/ℓ)	≦0.3	≦0.3	≦0.3	≦0.1	≦0.1	≦0.1	≦0.03
ヒドラジン(mg/ℓ)							≧0.01(0.01〜0.03)
ボイラ水 処理方式	アルカリ処理	アルカリ処理	アルカリ処理	アルカリ処理	アルカリ処理	アルカリ処理	りん酸塩処理
pH(25℃)	11.0〜11.8	10.5〜11.5	11.0〜11.8	10.5〜11.5	10.3〜11.3	10.0〜11.0	9.5〜10.2
Pアルカリ度($mg\ CaCO_3/\ell$)	200〜600	—	200〜600	—	—	—	—
Mアルカリ度($mg\ CaCO_3/\ell$)	250〜700	—	250〜700	—	—	—	—
電気伝導率(ms/m, 25℃)	≦200	≦100	≦200	≦100	≦80	≦60	≦15
塩化物イオン Cl^-(mg/ℓ)	≦100	≦50	≦100	≦50	≦10	≦10	≦10
りん酸イオン PO_4^{3-}(mg/ℓ)	20〜100	20〜40	20〜100	20〜40	10〜30	10〜30	3〜10
シリカ SiO_2(mg/ℓ)	≦200	≦50	≦200	≦50	≦20	≦10	≦2
ヒドラジン N_2H_4(mg/ℓ)	0.1〜1.0	0.1〜1.0	0.1〜1.0	0.1〜1.0	0.1〜1.0	0.1〜1.0	0.1〜1.0

注) 水質管理基準値については、JISに記されるが、より実践的な値として栗田案を提示する。

主なボイラ水の管理項目とその目的

主な管理項目	主目的
pH (Pアルカリ度)	1. 腐食の防止 2. シリカや硬度成分によるスケール付着の防止 3. 油脂類の伝熱面への付着を防止
りん酸イオン濃度	1. 硬度成分によるスケール付着の防止 2. りん酸塩処理の場合は、ボイラ水のpHの制御
塩化物イオン濃度 (電気伝導率) (Mアルカリ度)	1. ボイラ水の濃縮度の管理(全蒸発残留物の間接管理) 2. キャリオーバの防止 3. 混入海水の発見 4. 腐食の防止
残留ヒドラジン濃度	腐食の防止(溶存酸素防止)
シリカ	1. シリカによるスケールの防止 2. 主ボイラではシリカによるキャリオーバの防止

問2　主ボイラプラントと補助ボイラプラントに要求される水質管理の相違点を述べよ。

答　外航船用補助ボイラプラントの補給水には造水器の蒸化水が使用され，給水は95～98％程度が回収された復水で，残りの2～5％が補給水である。LNG船用主ボイラプラントでは復水回収率は99％程度と非常に高く，補給水はフラッシュ式造水器によって製造された蒸化水（電気伝導率 $0.1\sim0.2\,\text{mS/m}$）を使用するので，ボイラへのスケール成分の搬入は少ない。したがって，主ボイラプラントでは，スケールに対してよりプラントから混入する溶存酸素による腐食に対する注意が必要となる。このため，復水器，加熱器のチューブにはチタン合金が使用され，溶存酸素濃度を 0.007 ppm 以下に保つことができる脱気器を装備，加えて，脱酸素剤（ヒドラジン）により内部処理を施行する。

　主ボイラプラントの水処理に対する基本的考え方は補助ボイラプラントと同様であるが，補助ボイラで管理される水質項目の他に，以下の対策および管理がなされる。

- 溶存酸素に対する対策⇒脱気器の設置，およびヒドラジンの連続投入による過剰ヒドラジン（残留ヒドラジン）の管理
- 遊離アルカリ（アルカリ腐食）による防食対策⇒りん酸塩処理による管理
- シリカのキャリオーバに対する対策⇒シリカ濃度計測管理
- 給復水系の防食対策⇒給復水系のpHの計測管理

問3　スケールの成分にはどのようなものがあるか。

答　スケールの代表的なものに硫酸カルシウム（$CaSO_4$）と炭酸カルシウム（$CaCO_3$）がある。炭酸カルシウムは低温でも溶解度が小さいので，ボイラに入る前に造水器や給水管中ですでに析出してスケールとなる。一方，硫酸カルシウムは低温で溶解度が大きく，高温で溶解度が小さい。したがって，給水中で溶解しているものがボイラに入ると水温が上がり溶解できなくなるので，蒸発管などの高温部で硬質なスケールを生成する。他に，代表的なスケール成分として硫酸マグネシウム（$MgSO_4$）やケイ酸マグネシウム・ケイ

酸カルシウム（$MgSiO_3$, $CaSiO_3$），塩化マグネシウム・塩化カルシウム（$MgCl_2$, $CaCl_2$）などがある。

問4 大型ボイラのボイラ水処理で採用される「低pH処理」について述べよ。また、清缶剤は何が使用されるか。

答 低pH処理とは、りん酸塩処理のことである。この処理方式では、清缶剤は第2りん酸ナトリウムと第3りん酸ナトリウムを調合して使用する。他に市販調合された無水2.8りん酸ナトリウムなどもある。

低pH処理はアルカリ腐食を防止する方法の1つとして開発されたボイラ水の水質管理方式であり、ボイラ水のpHをりん酸ナトリウムによって管理し、ナトリウム（Na）とりん酸（PO_4）のモル比（Na/PO_4）を3.0以下（2.6～3.0）の領域で管理する方法である。このモル比の適正値はボイラ水の温度により変化するが、6MPa級ボイラの場合は2.8～2.9程度である。

ボイラ水中のりん酸ナトリウムのNa/PO_4モル比が2.8以下ならば、ホットスポットなどでボイラ水が濃縮しても、りん酸ナトリウムはモル比2.8で結晶析出（ハイドアウト）するため、ボイラ水中に遊離の水酸化ナトリウムは存在せず、アルカリ濃縮層が形成されないので、遊離アルカリによるアルカリ腐食の心配はない。

【解説】• ホットスポット（Hot Spot）とはボイラの負荷の高い部分で、缶内壁の表面状態に異常があった場合などにボイラ水の蒸発が集中し、部分的に温度が高くなるところをいう。

• りん酸ナトリウムがモル比2.8で結晶析出する反応式
$$0.8Na_3PO_4 + 0.2Na_2HPO_4 = Na_{2.8}H_{0.2}PO_4$$

問5 pHとPアルカリ度の違いについて述べよ。

答 純水はわずかではあるが水素イオンと水酸化物イオンに電離し、常温（25℃）でその電離したイオンのモル濃度（mol/ℓ）は次の関係がある。
$$[H^+]\cdot[OH^-] = 10^{-14}$$

pHは水素イオン濃度指数のことで，次式で定義される。
$$pH = \log_{10}[H^+]^{-1}$$
一方，Pアルカリ度は，pHを8.3以上にするアルカリ物質の濃度（ppm, mg/ℓ）のことで，正確には炭酸カルシウム（$CaCO_3$）の濃度に換算した値で表す。ボイラ水のpHとPアルカリ度には密接な相関があるので，もし両方を分析すれば，どちらかの分析を間違えても気づくことが可能である。

問6　高温高圧ボイラに発生しやすいアルカリ腐食とは何か。

答　ボイラの負荷の高い部分では，ボイラ内壁の表面状態に異常があった場合などにボイラ水の蒸発が集中し，その部分の温度が非常に高くなることがある。このようなところはホットスポット（Hot Spot）と呼ばれ，その付近のボイラ水は極度に濃縮される。ボイラ水に遊離の水酸化ナトリウム（NaOH）が存在すれば，アルカリ（OH^-）の濃度が高くなり，濃厚アルカリによる鋼材の腐食が生じる。これがアルカリ腐食といわれる現象で，その環境によっては比較的短時間に進行し，しかも広範囲に及ぶことがある。高温のボイラ水のもとでは濃厚アルカリと鋼が反応すると，水に可溶性の鉄酸ナトリウム塩（Na_2FeO_2）が生成される。

問7　ハイドアウトについて述べよ。また，りん酸ナトリウムが析出する場所はどこか。

答　ボイラ水中のりん酸ナトリウムは，ボイラの伝熱面負荷の増加により水管表面付近（濃縮境膜内）のボイラ水濃度が高くなると飽和濃度に達して管壁にりん酸塩の結晶を析出し，また負荷が下がると再び溶解する。このような現象をハイドアウトという。第三りん酸ナトリウムは350℃になると溶解度が零になるので，蒸発管のような高温部およびホットスポットのできるところでハイドアウト現象が生じる。

すなわち，ボイラ負荷が増大して蒸発管壁温度が上昇すると，その高温部分にりん酸ナトリウムが結晶となって析出し，ボイラ水中のりん酸イオン濃

度は低くなる。逆に負荷が減少すれば，管壁温が低下して析出した結晶は再びボイラ水に溶解してりん酸イオン濃度は上昇する。このため，ハイドアウト現象の大きいときにはりん酸イオン濃度を低くし，小さいときには幾分高めで運転して差し支えない。りん酸イオンのハイドアウトで生じる遊離アルカリによるアルカリ腐食を防ぐためには，Na/PO_4 モル比 2.8 を基準に考えなければならない。

問8 溶存酸素が缶壁を腐食させる過程を述べよ。

答 高温のもとでは，鋼材は水と接触すると水酸化第一鉄と水素原子になる（$Fe+2H_2O \rightarrow Fe(OH)_2+2H$）。このとき溶存酸素 O_2 が存在する場合は，水素原子 $2H$ は H_2O になり，水酸化第一鉄 $Fe(OH)_2$ は水酸化第二鉄 $Fe(OH)_3$ として沈殿し錆となる（$4Fe(OH)_2+O_2+2H_2O \rightarrow 4Fe(OH)_3$）。

【解説】蒸気ドラムや水管に発生する点食（pitting）はこの溶存酸素に起因するものである。溶存酸素による腐食は局部的に深く進行する点食のような形態で起きることが多く，水管に点食が発生して短時間に貫通孔を生ずる事故はしばしば経験される。

問9 ヒドラジンに関する以下の問いについて述べよ。
  (1) ヒドラジンの作用
  (2) その基準値が決められる理由
  (3) ヒドラジンの管理上の注意点

答 (1) 脱酸素剤として使用されるヒドラジンは，①溶存酸素の脱酸素作用，②金属酸化物の還元作用，③復水の pH を上げる作用がある。

(2) 主ボイラの給水のヒドラジン濃度基準値は $0.01 \sim 0.03\,ppm$ である。その下限値 $0.01\,ppm$ は，ボイラ水中の溶存酸素を完全にゼロにするため，ボイラ水中に常時ヒドラジンを存在させるための下限値である。一方，上限値 $0.03\,ppm$ は，復水の pH を上げすぎないようにするために決定された上限値である。ヒドラジンはボイラ水中で一部がアンモ

ニアガスに変わり，蒸気と一緒にタービンなどを通り復水器に，または加熱蒸気として加熱器に入る。このアンモニアは凝縮時に高濃度になり，同時に復水のpHを上げる。銅合金はpH9.0以上で腐食する恐れがあるので，ヒドラジン濃度上限値が決められる。

(3) ヒドラジンは発がん性物質とされるので，30％以下の濃度とした水加ヒドラジンが使用される。また，可燃性，揮発性物質であるので，換気の良い冷暗室に密閉保管するなどの注意が必要である。ウエスなどにヒドラジンをつけて放置すれば自発火の危険があるので，取り扱いに注意を要する。

問10 シリカのセレクティブキャリオーバとはどのような現象か。

答 高圧ボイラになると，低圧ボイラに見られるようなボイラ水そのものが蒸気に移行するような現象（キャリオーバ）はほとんどないが，ボイラ水中のシリカが蒸気中に移行する現象が問題となる。シリカのセレクティブキャリオーバとは，ボイラ水中の何種類もの塩類や金属酸化物の中から，シリカだけが選択的に蒸気に移行する現象で，シリカの蒸気中への溶解度は，ボイラ水のシリカ濃度が高いほど，また，圧力の上昇と共に指数関数的に増加し，とくに圧力6MPa以上から著しくなる。

【解説】主ボイラではフラッシュ式造水装置のようなボイラ外処理によってシリカ濃度を幾分低く保つことができるが，低pH処理が採用されるため，メタ珪酸ナトリウムNa_2SiO_3としてボイラ水中に溶解できるシリカの量も限られる（$2NaOH+SiO_2 \rightarrow Na_2SiO_3+H_2O$）。

造水装置の不良やコロイダルシリカの影響によりボイラ水中のシリカ濃度が高くなる場合は，ブロー量を増やし，ボイラ水のpHを基準値の上限で管理することが必要となる。

3-6 ボイラの取扱い

問1 ボイラ安全弁の仮封鎖の方法について説明せよ。

3 ボイラおよびタービンプラント

答 安全弁の封鎖には仮封鎖と本封鎖があり，仮封鎖とは検査官の検査を受けるために前もって行う封鎖である。2個の安全弁を持つボイラの仮封鎖の方法を次に示す。
① 調整しない方の安全弁の弁棒を押え金具で動かないように押さえる。
② 他方の安全弁の噴気圧力を調整後，ボイラを起動して，決められた圧力で噴気することを確認する。
③ 同様にして，もう一方の安全弁を調整後，噴気圧を確認する。
④ 押え金具を取りはずし，再度圧力を上げ，2個の安全弁が規定圧で作動するか確認する。
⑤ 良ければ仮封鎖は終わりであるが，このとき，吹出し圧と吹止まり圧を記録する。

【解説】 本封鎖は検査官が来船し，検査官立会いの下で気醸し，安全弁の噴気テストを行う。検査官が適当と認めた後に，キャップとコッターを取り付け，施錠して本封鎖終了となる。

問2 ドラム内の緩熱器が破損した場合はどのようになるか。

答 ボイラドラムと緩熱器では，管路抵抗による圧力降下により緩熱器の方が圧力は低い。したがって緩熱器が破損すれば，ボイラ水が緩熱蒸気系に流入するので，次のような不具合が生じる。
- 緩熱器出口蒸気温度低下
- 緩熱蒸気の純度低下（蒸気系にスケールの付着）
- ウォータハンマの可能性

問3 イナートガスシステム（IGS）の概略を説明せよ。

答 VLCC（大型原油タンカー）のカーゴタンクには，原油からのHC（ハイドロカーボン）ガスによる爆発を防ぐためイナートガスをトッピングアップする。VLCCでは，一般的にIGG（イナートガス発生装置）は使用せず，ボイラの排ガス中のO_2濃度を5％以下にしてイナートガスとして使用する。

ボイラの排気ガスには、すす、硫黄分などの不純物が含まれるために、スクラバで不純物を海水で洗い落とすと共にガスを冷却し、デミスタで水分を吹き飛ばす。次に、ボイラからのイナートガスを運ぶために2台のファン（揚荷レートの125％以上の能力）がある。主配管とカーゴタンクのイナートガス圧を調整するために圧力制御弁が取り付けられ、その後、カーゴタンクからのHCガスの逆流を防ぐために、デッキ上にウォータシール装置と逆止弁が装備される。そして、最後に安全の確保のために止め弁（デッキアイソレーティングバルブ）が取り付けられ、同弁を閉めることで完全にカーゴタンクとエンジンルームは隔離される。揚荷時にはIGSが運転されるが、積荷時はIGSの運転は不要のため、止め弁は閉弁状態である。

なお、カーゴタンク内はIGSによりO_2濃度を8％以下に保ち、また、カーゴタンク内に人が入る必要がある場合、および入渠時前などのエアリング前には、イナートガスによりHCガスを2％以下にすることなどが要求される。

問4 補助ボイラにおいて、低温腐食が発生する場所、過程、防止対策について述べよ。

答 低温腐食は燃焼ガス中の無水硫酸（SO_3）が原因である。重油中の硫黄分（S）は燃焼によって亜硫酸ガスとなる（$S+O_2 \rightarrow SO_2$）。一部の亜硫酸ガスはさらに反応して無水硫酸となる（$SO_2+1/2O_2 \rightarrow SO_3$）。燃焼ガス中の$SO_3$の濃度は10ppmのオーダであるが、その濃度に見合うSO_3の飽和温度が高く150～155℃程度である。したがって、この温度（この温度を露点という。露点とは水蒸気が凝縮して液体になる温度ではなく、湿度が100％になる温度である）より伝熱面表面温度が低くなるとSO_3が凝縮してくる。伝熱面表面に凝縮したSO_3は排ガス中の水を吸収して容易に硫酸蒸気となる（$SO_3+H_2O \rightarrow H_2SO_4$）。硫酸は強酸で腐食性が強く、伝熱面を腐食させる。したがって、低温腐食は硫酸腐食ともいわれる。これを防ぐためには、①燃料中の硫黄分をできるだけ下げ、②空気比を低くして、③SO_3の露点より伝熱面表面温度を下げないようにする必要がある。なお、空気比を1.2以下にすればSO_3の露点温度は徐々に下がる。ディーゼル船の排エコの低温部には低温腐食が発生しやすい。主ボイラの節炭器同様に排エコを流れる給水の温

度が低い場合，または排ガスの温度が低い場合は低温腐食の原因となる。したがって，給水入口温度は少なくとも135℃以上，ガス出口温度は155℃以上で運転する必要がある。また，温度が低下しやすい入出港時，停泊中などに低温腐食を助長しないように，入港前にすす吹きを施行することや，排エコ用循環水ポンプは停泊中でもできる限り運転を続行するなどの対策を講じる必要がある。

問5 主ボイラのプラントアップ要領について説明せよ。

答 ボイラのプラントアップとは，常温状態から約5～6時間かけて運転状態に移行する昇温・昇圧作業をいい，図に示す要領で行われる。

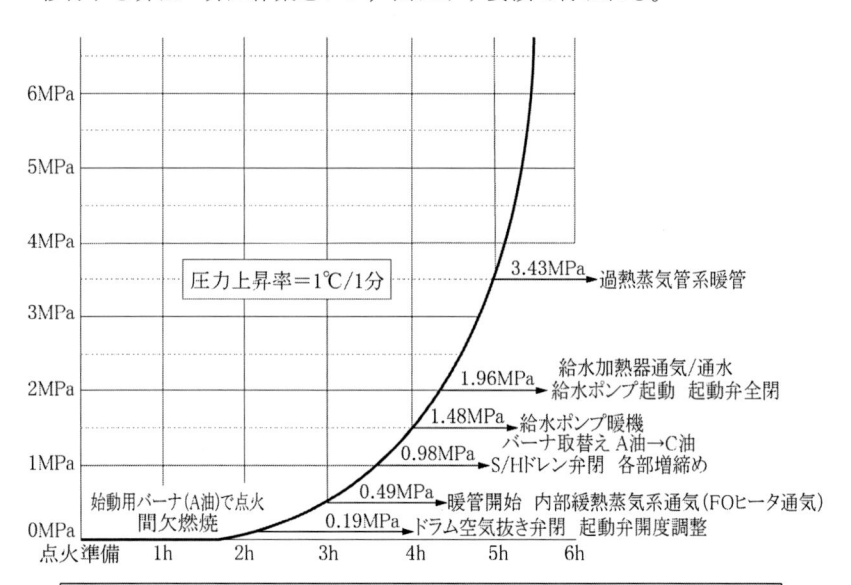

圧力上昇率＝1℃/1分

- 3.43MPa → 過熱蒸気管系暖管
- 1.96MPa → 給水加熱器通気/通水　給水ポンプ起動　起動弁全閉
- 1.48MPa → 給水ポンプ暖機
- 0.98MPa → バーナ取替え A油→C油　S/Hドレン弁閉　各部増締め
- 0.49MPa → 暖管開始　内部緩熱蒸気系通気(FOヒータ通気)
- 0.19MPa → ドラム空気抜き弁閉　起動弁開度調整

始動用バーナ(A油)で点火　間欠燃焼

点火準備　1h　2h　3h　4h　5h　6h

①ボイラの状態点検→②ボイラの張水(給復水系の主復水器などの張水も施行)→③ガスエアヒータ(GAH)設置のものではGAH起動→④強制送風ファン(FDF)起動→⑤燃料油噴燃ポンプ起動→⑥燃焼室プリパージ→⑦ベースバーナ点火→⑧間欠燃焼→⑨連続燃焼・昇圧→⑩併缶作業

主ボイラのプラントアップの流れ

問6 ボイラの高温腐食について説明せよ。また，どのような場所に発生するのか。

答 燃料中に含まれるバナジウム（V）は燃焼領域で酸化され，各種の酸化バナジウムになるが，多くはV_2O_5に変化する（$V_2+2O_2 \rightarrow V_2O_4$，$V_2O_4+O_2 \rightarrow V_2O_5$）。また燃料中にナトリウム（Na）が含まれていると，硫黄（S）と反応して硫酸ナトリウム（Na_2SO_4）が燃焼域で生成する。これらV_2O_5とNa_2SO_4は高温伝熱面に付着しやすい。この2つが共存すると伝熱面上で融点が600℃程度の低融点化合物を形成する。この低融点化合物はその融点以上の温度になると金属材を侵食して高温腐食（バナジウムアタックともいう）を発生させる。主ボイラでは二次過熱器周辺や過熱器の取付けハンガやスペーサに発生する。燃料油のVやNaの含有量は積み込むバンカー油によって大きく異なるので，それらの含有量を知っておくことが望ましい。

問7 スートファイアの防止法と発生時の対処法とを説明せよ。

答 防止方法は，できる限り排エコにすすを付けないようにすることである。そのためには，取扱い上，①つねにドラフトロスと排エコ出口温度推移に注意する，②できる限り排ガスダンパを装備し，入出港時の主機低出力運転ではガスを全量バイパスする，③定期的なすす吹きと排エコ内の掃除を行う，④排エコの水洗はていねいに行う，⑤入港前，出港後は必ずすす吹きを行う，⑥主機減速運転前は必ずすす吹きを行う，⑦主機停止後もボイラ水循環ポンプを連続運転し，入港後直ちに主機を開放するときは排エコ温度に十分注意する，⑧すすの発生を少なくするような主機の良好な運転を行う，などの注意が必要である。

　スートファイアが発生した場合は，排ガス温度が上昇すると同時に，排エコの蒸気圧力が上昇する。①すすの拡散を防ぐためにすす吹器の停止，②ボイラ水循環ポンプの2台並列運転，③主機減速または停止，④機関空気吸入口（過給機）と補助ブロワ吸入口をキャンバスで覆い空気を遮断する，などの適切な処置をとる必要がある。

3-7 タービンプラント

問1 脱気器の設置位置，温度，圧力について述べよ。

答 脱気器とは水中の溶存気体を物理的に分離除去する装置で，脱気方法には真空脱気器と加圧脱気器（加熱脱気器）があるが，船舶では加圧脱気器が採用される。プラント内では脱気器は二段給水加熱器としての役割もあり，加熱源は120～130℃の蒸気温度が採用されるので，器内圧は0.2～0.3 MPa程度となる。脱気器の後には大容量の給水ポンプが装備されるので，給水ポンプのキャビテーションを防止するために，脱気器は給水ポンプより約10m上部（機関室最上部）に設置して，高所より給水ポンプに圧入するようにしている。

問2 タービンプラントで清缶剤，脱酸剤を投入する場所はどこか。

答 脱酸剤として用いるヒドラジンは脱気器で除去しきれない微量の溶存酸素の脱酸素のみならず，ボイラに持ち込まれてスケール化する金属酸化物を還元し，給水管など材料の溶出を防止するのに効果的であるので，脱気器以前の系統に注入することが望ましい。たとえば脱気器入口である。しかし，コンデンサなどの材質，または投入量計算の煩雑さを考慮し，脱気器出口に注入されることが多い。

　清缶剤については，直接，蒸気ドラムに注入される。

問3 主復水器からボイラまでの給復水系統を黒板に示せ。また，プラント内の保有水が減る原因は何か。

答 主復水器→復水ポンプ→(造水器)→グランドコンデンサ→一段給水加熱器→脱気器→主給水ポンプ→三段給水加熱器→エコノマイザ→主ボイラ

　参考として，LNG船用タービンプラントの給復水配管の一例を図に示す。

機関-1

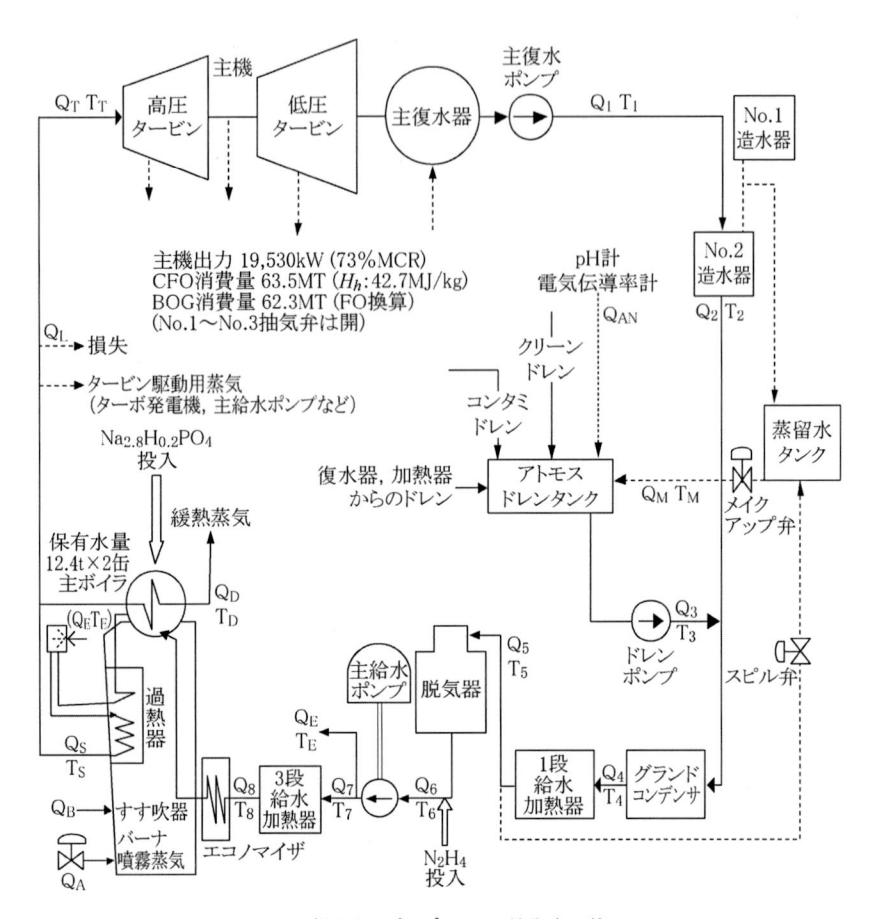

LNG船用タービンプラントの給復水配管

プラント内の保有水が減る原因は，①バーナアトマイジング蒸気，②スートブロー用蒸気，③タービンのグランドパッキン漏洩蒸気，④サービス用蒸気，⑤フランジなど各部の漏洩蒸気，などの回収できない蒸気である。また，入港時など，主機減速時に脱気器の水位が上昇し，スピル弁が開き，プラント保有水の一部は蒸留水タンクに送水される。しかし，この減少した保有水量は，出航時など，主機増速時に蒸留水タンクからメイクアップ弁を経由してプラントに供給される。

問4 脱気器（ディアレータ）の水位制御はどのように行われているか。

答 蒸留水タンクとアトモスドレンタンク（大気圧ドレンタンク）との間にメイクアップ弁が置かれている。ディアレータの水位が下がるとメイクアップ弁が開き，アトモスドレンタンクの水量を増す。アトモスドレンタンクは同タンク用水位制御弁により一定のレベルを保たれており，この弁の開閉によりドレン（移送）ポンプからディアレータに補給され，一定水準に達したならば，メイクアップ弁は閉じる。

　ディアレータ入口サイドの復水ラインと蒸留水タンクの間にスピル弁が置かれている。ディアレータの水量が増すと，一定水準に達するまでこのスピル弁が開いて蒸留水タンクに水を逃がす。

問5 常用出力時において，脱気器を加熱する熱源に関して，タービンプラントではどのようなシステム構成をしているのか。また，給水ポンプタービンの排気の増減により，関係する制御弁はどのような作動をするのか。

答 給水ポンプタービンからの排気は補助排気主管を経て脱気器へ導かれる。通常この排気は脱気器を加熱するための主要な熱源となる。補助排気主管は常に一定の圧力を保つよう制御されており，この圧力によって脱気器の器内圧力も決まる。給水ポンプタービンからの排気が過剰であるときは，その一部は自動的に復水器へ捨て（spill）られ，逆に不足する場合は自動的に第2段抽気から，それでも不足する場合は減圧された生蒸気（ボイラから直にくる未使用の蒸気をいう）から補給（make-up）される。

問6 タービンプラントに再生サイクルを用いる理由を述べよ。

答 実際のタービン船ではプラントの熱効率を上げるため，基本サイクルを改

良した再生サイクルが採用される。

　タービンの高圧段落で半ば仕事を終えた蒸気の一部を中途段落から抽出（抽気）し，その蒸気の熱量を給水加熱に利用する方法である。タービンに供給される蒸気の持つ熱量のうち，タービンで仕事に変えることができる熱量はわずかで，大部分の熱量（潜熱）は復水器を通して冷却水に捨てられる。この排熱を少なくするため，抽気された蒸気の持つ潜熱を給水加熱に使用してプラントの熱効率を上げている。

4 プロペラ装置

4-1 軸系

> **問1** プロペラ軸系のアライメント（据付け調整）について説明せよ。

答 軸系の据付け状態が悪いと，軸系の一部に過大な荷重がかかったり振動を生じ，各軸受の焼付き，船尾管軸受の急激な摩耗やプロペラ軸スリーブの破損，船尾管シールリングからの漏れやホワイトメタルの焼損などを生じる。そのため，プロペラ軸系のアライメントは，軸系に無理な荷重がかからず，船尾管軸受や減速機歯車などの軸系構成要素が安全に作動できるように，次のような方法で行われる。

- ストレートアライメント（straight alignment）

  各軸受を一直線上に配置する方法で，軸受の前後方向の配置に注意して，それぞれの軸受が受け持つ荷重が均一となるようにする。ストレートアライメントが採用されるのは，軸受間隔が長く軸系のフレキシビリティが高い軸系や，船尾管支面材に弾性のあるゴム軸受などを使用する場合である。

- スロープアライメント（slope alignment）

  船舶の巨大化や高出力化および船尾寄りの機関室配置のために軸系は太く短くなり，軸受の荷重変化を軸系のフレキシビリティにより吸収できる余地が少なくなった。そのため，ストレートアライメントでは軸と軸受が遊離したり，反対に軸受に大きな荷重がかかる現象が生じる。

  スロープアライメントはストレートアライメントの欠点をなくすために採用されている据付け方法で，あらかじめ軸系のたわみ曲線を考慮して軸受の上下方向の配置を調整する方法，つまり各軸受を適当な曲線上に配置して各軸受の荷重配分を良好にする方法のことである。

問2 プロペラ軸に作用する曲げモーメントの大きさに関係する事項について述べよ。

答 プロペラ軸に作用している曲げモーメントについては定量的に明らかにし難いものが多いが，軸系アライメントの基本となるプロペラ軸に作用する曲げモーメントの大きさに関係する事項として，次のものがある。
- プロペラ重量による曲げモーメント
- 軸重量による曲げモーメント
- 偏心スラストによる曲げモーメント

これらの曲げモーメントの合成が実際にプロペラ軸にかかるが，それらの値は変化し，とくに喫水が浅く船のピッチングなどの影響でプロペラが一部水面より露出するような場合は2倍以上となり，軸損傷の原因となる。

問3 プロペラの取外し方法と取付け方法について説明せよ。

答 ＜プロペラの取外し＞

プロペラとプロペラ軸のテーパ部は金属接触の状態で結合されており，検査などでプロペラをプロペラ軸から次のような方法で引き抜く。
- ⓐ　くさびによる方法（小型船で用いられる）
- ⓑ　油圧ジャッキによる方法
- ⓒ　油圧ナットによる方法
- ⓓ　油溝による方法

プロペラを金属接触の状態で引き抜くⓐ，ⓑ，ⓒの方法は，ドライ引抜きと呼ばれる。ドライ方式では，接触面の肌荒れを生じたり，非常に大きな荷重を必要とすることから，大型船ではⓓの油溝によるウェット引抜きが行われる。

＜プロペラの取付け＞

小型船のプロペラ取付けは，取り外す前にマークした位置までプロペラを押し込む方法，プロペラナットの締付角度や締付トルク（実際はハンマの手応え）で締付けの良否を判断する方法により行う。大型船では

4　プロペラ装置

油圧ジャッキと油溝を使用したウェット押込みが用いられ，所定の計算式によって求められた押込量まで，押込み過程における押込量と荷重の関係をダイヤルゲージで確認しつつプロペラを押し込む。

問4　プロペラの押込量について説明せよ。

答　各規則（日本海事協会鋼船規則や各船級協会規則）に規定されている押込量の計算式により，押込量の上限および下限と，参考のための予想押込荷重を求める。上限はプロペラ内面で材料が降伏したり，プロペラ翼根元に危険な応力が生じない，安全な値の限界であり，下限はプロペラトルクおよび推力に対して十分な値である。また，予想押込荷重に対する余裕ならびに計測誤差を考慮して，油圧ジャッキや圧力計などは適切なものを用いる。

問5　プロペラの摺合わせについて説明せよ。

答　プロペラのコーンパートの傾きは，一般にキー付きプロペラで1/12，キーレスプロペラで1/20である。プロペラ軸とプロペラとの摺合せ検査は，プロペラ軸のテーパ部にブルーペイントを塗布し，プロペラ軸とプロペラとの共摺合わせを行う。このとき，コーン部の当り面ができるだけ均等になるよう行う。大型のプロペラの場合はコーンゲージを使用して摺合わせを行う。

　目安としては，キー付きプロペラの場合はテーパ部の当り面は75％以上で1平方インチ当たり5カ所以上当り面があること，キーレスプロペラの場合はテーパ部の当り面は75％以上で1平方インチ当たり3カ所以上当り面があること。これらの当りが達成できない場合は，満足できる当りが出るまで作業を繰り返す。この作業はプロペラの押込み作業と関係するだけでなく，プロペラ軸テーパ部のフレッティングコロージョン防止の点からも重要なので入念に行う。

問6　プロペラ軸に発生する損傷にはどのようなものがあるか。

答 ＜スリーブの損傷＞
- スリーブ表面の傷や腐食
- 船尾管のパッキンがグランド式の場合は，当り面の偏摩耗
- スリーブ表面のキャビテーションエロージョンによる侵食傷
- スリーブのゆるみやき裂

＜軸身の損傷＞
- 継手ボルトの穴やキー溝の焼付きや変形
- 軸身のスリーブのない部分の腐食やき裂（クロスマークを含む）
- テーパ部の腐食やき裂（クロスマークを含む）およびフレッティングコロージョン
- ナットのねじの状態やねじ底のき裂の発生
- キーの焼付き，腐食，き裂

【解説】
- クロスマーク：軸心とほぼ45°の方向をなす小さな十字形のき裂。海水腐食による疲労強度の著しい低下と，ねじり応力により発生する。
- フレッティングコロージョン：コーンパートの当りが不良であると，回転中に軸とボスとのはめ合い部に振幅の小さい摩擦が繰り返され，その結果，軸方向に発生するはく離状の小さな侵食傷である。ボスとプロペラ軸の摺合わせが不十分な場合や，プロペラの押込みが不適切なときに発生しやすい。

問7 軸系アース装置の目的について説明せよ。

答 軸系が停止しているときは中間軸受あるいは主機関の主軸受の軸受メタルを介して船体にアースされているが，軸が回転中は各軸受に潤滑油膜が形成されて浮遊状態となるため，船体との金属接触がなくなる。したがって，海水中にあるプロペラまたはプロペラ軸スリーブなどの銅合金と船体鋼材との間にイオン化傾向の違いによる電位差が生じ，軸系と船体間に電流が流れ，流電作用による腐食が起こる。また，油膜が非常に薄く電気の流れやすい主機主軸受にスパークエロージョンが発生する場合もある。

　この現象を防止するためにスリップリングとブラシを持った軸アース装置（軸短絡装置）を設け，プロペラ軸と船体を常に電気的に短絡させる。その

結果プロペラ軸と船体間の電気抵抗は低減され，電流はアース装置を通って流れるので，流電作用による軸系の腐食は防止される。

なお，ブラシの摺動抵抗を極力小さくするよう維持管理し，発錆あるいは海水の付着などにより導通が阻害されないよう注意する。

4-2　船尾管

問1　油潤滑式船尾管の軸封装置（リップシール式）の船尾側の構造およびシールリングの役目を説明せよ。

答　海洋汚染防止に対応した軸封装置を各社が製作しているが，基本的なリップシール方式の一例を示す。

船尾側のシールは，プロペラボス部に固定されたライナと，船体に固定されたケーシングと，シールリングで構成されている。3本のシールリングは海水側から，No.1，No.2，No.3 の順番で番号がつけられている。

シールリングはニトリルゴムや耐熱性に優れたフッ素ゴムで製作され，シールリング前後の圧力差，それ自体の弾性，リップ裏側のスプリングの締付け力によって回転するライナ表面に接触し，密封を行っている。No.1 および No.2 シールリングは海水の浸入を防ぐためのもので，No.1 シールリングは海水中の異物から内部を保護する役目もある。No.3 シールリングは船尾管内の潤滑油が船外に漏洩するのを防止するためのもので，No.1 および No.2 のシールリングとはリップ部先端の向きが異なる。

問2　油潤滑式船尾管の軸封装置，船尾管について，どのような点検を行っているか。

答
- 軸受本体または船尾管油温の点検
- ストレーナの点検
- 船尾管潤滑油重力タンクの油面の点検

- 前部シールの油タンク油面の点検
- 前部シールの油温またはケーシングの温度点検
- 潤滑油の性状

問3 海水潤滑式船尾管の支面材がすり減った場合，どのような影響を生じるか。

答 海水潤滑式船尾管の支面材としては合成ゴムが一般に使用されているが，長期間の使用により摩耗が進行すると，プロペラ軸の曲げ応力が増加して，き裂が発生する危険性が増大する。
　したがって，支面材の摩耗量が増加して軸受のすき間が規定値を超えると，支面材を換装するかまたは補修する。

［参考］　　　**海水潤滑軸受の場合のすき間**
　　　　　　（日本海事協会 鋼船規則検査要領）

プロペラ軸径	すき間
230mm 以下のとき	6mm
230mm を超え 305mm 以下のとき	8mm
305mm を超えるとき	9.5mm

問4 船尾管軸封装置のシール装置および軸受の損傷について述べよ。

答 ＜シールの損傷＞
- シールリングのクラック
- シールリングの摩耗
- シールリングのブリスタ（リップ摺動部の表面が局部的に膨らみ，水蒸気の浸入により水がたまる現象である。漏油を発生するブリスタの発生原因には諸説があり，一般には温度，圧力変動，水分などの複合作用によると考えられている。ブリスタの発生防止のため，ゴムの材質およびシールリング形状の改良を行っている。）
- ライナのピッチング

4 プロペラ装置

- ライナの摩耗

＜軸受の損傷＞
- ホワイトメタルの異常摩耗
- ホワイトメタルの剥離
- ホワイトメタルの焼損

問5 油船尾管軸封装置の潤滑油に関する異常について説明せよ。

答 ＜船尾管軸受用重力タンクの油面低下＞
- No.3 シールリングの損傷による潤滑油の漏洩（ドレンラインより回収）
- No.4 シールリングの損傷による潤滑油の船首側シールタンクへの漏洩
- 船首ライナの移動による潤滑油の船首側シールタンクへの漏洩
- 船首ライナの異常摩耗による潤滑油の船内への漏洩
- 船首側"O"リングの損傷による潤滑油の船内への漏洩
- シールリングの取付け不良による偏心による潤滑油の船内への漏洩
- 配管系統部からの潤滑油の漏洩

＜船尾管軸受用重力タンクの油面上昇＞
- 船尾シールリング（No.1，No.2）損傷による船尾管軸受部への海水浸入（ドレンラインから回収できない場合に発生する）
- 船尾ライナの異常摩耗による海水浸入（同上）
- 船尾ケーシングおよび船尾ライナ取付部の緩みによる海水浸入（同上）
- 船首側シールタンクからの潤滑油の流入
- 冷却用清水タンクからの清水浸入

＜船首側シールタンクの油面低下＞
- No.5 シールリングの損傷による船内への潤滑油の漏洩
- 船尾管軸受部への潤滑油の移動
- 配管系統部からの潤滑油の漏洩

＜船首側シールタンクの油面上昇＞
- No.4 シールリングの損傷による潤滑油の流入

＜潤滑油温度の異常上昇＞
- 軸受の損傷

- シールリングの摺動不良
- クーラ，計測機器などの不良

問6　油潤滑式船尾管の構造について説明せよ。

答　船尾管は，プロペラ軸あるいは船尾管軸（船尾軸）が船体を貫通して船外に出る箇所に装備する筒状の構造物で，一般に船尾管（スタンチューブ）は鋳鉄製，鋳鋼製のものが多い。また，大型の船では，とくに船尾管を設けず，鋼板をロールして船体と一体構造にするファブリケイト式などがある。

　油潤滑式船尾管軸受は鋳鉄製または鋳鋼製ブッシュにホワイトメタルを内張りした軸受部分と，密封（封水封油）装置から構成されている。軸受部分は油にて潤滑される。密封装置は，船尾管の船尾側端および船首側端にそれぞれボルト締めにて取り付けられ，海水の浸入を防止すると共に，油の漏洩を防ぐものである。

問7　軸封装置の取付時には，どのような計測や確認を行うのか。

答
- ライナ外周振れを計測し，0.2mm以下とするように調整する。
- 取付け後，船尾管に油を満たし，3～6時間にわたって，重力タンクで圧力試験を行い，No.2・No.3シール間およびNo.4・No.5シール間への油洩れの有無を確認する。
- 将来の軸受間隙（軸受の摩耗量）確認のため，船尾側シールライナの初期値を摩耗計測要具により計測し記録する。
- ゴミなどの異物が入っていないか十分に点検を行う。

問8　油潤滑式船尾管のシール装置について，海洋汚染防止のためにどのような構造にしているのか説明せよ。

答　海洋汚染防止に対応するためには，シール装置が損傷しても船尾管内の潤滑油が船外に漏れないようなシステムにしなければならない。そのため，各

メーカーが開発を行っているが，次のような方式が一般に採用されている。
- 最後部シール室に海水圧より高い圧縮空気を供給して，海水側に空気を吹き出すようにして海水の浸入を防止するとともに，空気により船尾管潤滑油と海水が接触しない構造としている。また，リップシールが損傷して潤滑油が漏洩した場合でも潤滑油が船外に漏洩しないように，最後部シール室の下部から機関室まで配管して潤滑油を機関室に回収できる構造にしている。
- 海水圧より高い清水を供給することにより海水の浸入を防止している。さらに，潤滑油側リップシールと海水側端面シールの間にエアベントラインで大気放出されるとともにドレンラインで機関室に配管されているため，潤滑油側と海水側が完全に分離された構造となっている。また，ドレンラインは漏洩した潤滑油をポンプにて回収できる構造となっている。

4-3　プロペラ

問1　プロペラ羽根の断面形状にはどのようなものがあるか。また，それらの特徴について述べよ。

答　羽根断面の形状には，エーロフォイル型とオジバル型がある。
　エーロフォイル型は，後進面に作用する負圧（船首方向に引っ張る力）が大きく，前進面に作用する正圧（押す力）の約2倍となり，効率の点で優れている。しかし，負圧の最大値が前縁付近で急激に大きくなるため，キャビテーションが発生しやすい。
　オジバル型は，負圧による作用がエーロフォイル型より小さく，効率ではやや劣るが，負圧の最大値が小さいためにキャビテーションや空気吸込み現象を防止する上では優れている。
　プロペラの羽根断面形状は一枚の羽根でも各半径ごとに異なっている。普通，キャビテーションの発生しやすい先端部はオジバル型を採用し，半径の0.7倍付近から根元にかけてはエーロフォイル型を採用している。

問2 可変ピッチプロペラ（CPP）において油圧装置が故障した場合，どのような処置を行うか。

答 可変ピッチプロペラにおいて，変節油ポンプの故障，操縦ハンドルを動かしても管制弁箱の管制弁が動かない，管制弁が動いても追従輪すなわち油圧ピストンが動かないなどの理由によりプロペラ変節ができなくなった場合，FPP（固定ピッチプロペラ）として使用できるように，翼角を手動で固定できる装置があり，前進最大翼角または前進側の一定翼角に固定する。ただし，一般に後進側では固定できない。

固定の方法については，変動油圧がゼロになるとプロペラキャップに内蔵されたバネによって自動的に翼角が最大位置に移動する方法，中間軸内に設けられたピッチ固定用油圧ピストンへハンドポンプにより油を送り，送油管を介してサーボピストンを前進最大位置に固定する方法，翼角を前進位置までハンドポンプでサーボピストンにより動かしてピンで固定する方法，ボルトでサーボピストンを締め上げて固定する方法などがある。

問3 プロペラの損傷とその処置方法について説明せよ。

答 ＜曲損＞

先端の軽微な曲がりは，常温または200℃で，片手ハンマでたたきながら当て金で受けて元の形に戻す。大きな曲がりはガストーチで600～700℃に加熱しながら，油圧ジャッキやハンマで曲がりを戻す。作業後，ゆっくり冷却して応力を除去する。

根元やピッチに大きな狂いを生ずる許容限度を超えた曲がりの場合は，プロペラを換装する。

＜欠損＞

軽微なものはそのまま使用することもあるが，振動の原因となるので許容限度の範囲内で削正する。削正を行うと許容限度を超えるものは，折損や欠損の程度に応じて，肉盛り溶接や切継ぎ溶接を行う。補修が不可能なものはプロペラを換装する。

肉盛り溶接を行う場合には，あらかじめ検査機関の了解を必要とするが，肉盛り溶接に当たっては，適当な溶接棒を使用し，溶接後は応力除去のための処理を行う。残留応力を除去するには，始めに小さな温度勾配で均一に暖め，350〜400℃まで加熱する。次に炉内においては6時間以上，局部加熱の場合は3時間以上その温度を保つ。その後，常温まで小さな温度勾配で徐冷する。

＜き裂＞

羽根の周辺部に生じたものは，ストップホールをあけてプラグを埋める。き裂が浅い場合はグラインダで除去できるが，き裂が深い場合は肉盛り溶接をした後，応力除去の処理を行う。

根元付近の前進面の肉厚部やボスに生じたき裂は，肉盛り溶接補修が禁止されているため削除整形を行うが，場合によっては換装する。

＜キャビテーション・エロージョン（侵食）およびコロージョン（腐食）＞

軽微な腐食や侵食は，無処置，あるいは損傷面を許容限度内において滑らかに削正するか，充てん材を詰める。侵食の深さが大きいものは肉盛り溶接を行う。

問4 可変ピッチプロペラ（CPP）の制御方式および保護装置について説明せよ。

答 固定ピッチプロペラでは，船体状態が一定であれば，船速と主機出力，回転数はただ一つの関係となるから，主機回転数を制御すれば，船速と主機出力を同時に制御することができる。一方，CPPでは，制御要素に回転数と翼角の2要素があるため，ある船速を得ようとすれば，主機回転数と翼角の組合せが無数に存在する。したがって，CPPの翼角と主機回転数をそれぞれ単独に制御すると，操作がやや複雑になる。そのため，何らかの制御の単純化が必要となるが，CPPの採用目的により次のような制御方式がある。

　　ⓐ　一速制御方式

この方式は，主機の回転数を一定に保持し，CPPの翼角のみで主機の負荷や船速を制御するものであり，一般に広く採用されている。この方式によれば，回転数が一定のため，主機駆動発電機など主機駆動方式

の補機の採用に優利である。
ⓑ 二速制御方式

これは翼角と主機回転数を制御する方式であるが，主機回転数としては，港内と港外の2種類の回転数を選択している。この方式を採用する目的は

- 港内での操船の際に主機の回転数を下げ，幅広い翼角が選択できるようにし，操船能力の向上を図る。
- 定格翼角より極端に小さい翼角でCPPを使用すると，プロペラ翼にキャビテーションが発生する。そのため港内においてもできるだけ定格翼角に近い翼角で回転数を下げ，キャビテーションによるエロージョンの防止を図る。（港内操船時間は全操船時間に対してわずかの割合ではあるが，港内で生じたキャビテーションエロージョンによるプロペラ翼面の肌荒れが通常航海中に進行するため，短時間とはいえ，港内でのキャビテーションに対する対策は意義がある。）

ⓒ コンビネータコントロール方式

これは主機回転数と翼角とを一元的に制御することを目的とし，回転数と翼角をあらかじめ設定された関係になるよう制御する方式である。この方式の狙いは，最高効率を与える運転をすることにあるが，船体状態が変化した場合，自動負荷制御装置を装備しないものについては，プログラムを変更する必要がある。

<保護装置>

ⓐ 過負荷保護（over load protection）

主機のポンプマークより，リミットスイッチまたはポテンショメータにて信号を出し，主機が過負荷にならないよう翼角を制御するものであり，次のような場合に主機の過負荷を防止する。

- 波浪による負荷の増減や操舵時
- マルチエンジンの場合，1台の主機の不意のクラッチ脱時
- CPPの急激な操作時（クラッシュアスターンなど）

ⓑ ロードアッププログラム

これは，主機始動後，一般に主機のharbor fullより上の出力域において熱負荷が急激に増加することを防ぐために設けられるものである。通常は主機回転数を制御する方法がとられるが，一速および二速制御方式

のように主機回転数が一定の場合は，翼角をあらかじめ設定されたタイムスケジュールに従い，ゆっくりと増大させていく方法である。

問5 プロペラのトルクリッチ対策について説明せよ。

答 船舶は，就航後の船体の汚損，主機関の汚損，プロペラ汚損などの経年変化によって，主機関回転数が低下し，主機関のトルクが過大になり，いわゆるトルクリッチの状態になることがある。この対策として，プロペラ設計時にあらかじめ経年変化を考慮して，プロペラ回転数にマージンを付けている。

主機関回転数を回復するために，プロペラ効率に影響を及ぼさない範囲で次のような修正を行う。

- 翼断面形状を変更して，プロペラの有効ピッチを減少させる

  翼断面の後縁の圧力面側を削り取って，ウォッシュバックを付ける方法で，有効ピッチが減少し，若干プロペラの回転数を上昇できる（3〜5％）。

- プロペラ直径をカットする

  直径が小さくなれば，ピッチが同一であっても，プロペラを同一回転数で回すために必要とするトルクの量は著しく減少し，同一出力における回転数は上昇することになる。プロペラ直径のカット量によっては，プロペラ性能が低下して船速が低下することがあるので，直径カット量の決定に当たっては十分留意する（プロペラ直径で5〜7％カットすることにより，プロペラ回転数で3〜5％上昇する）。

- プロペラ翼をねじる

  小型船で行われる方法であり，プロペラの翼根部をソフトバーナなどで加熱し，翼先端に治具を固定して油圧ジャッキなどで翼をねじり，リピッチを減少させ，翼を永久変形させる。この場合，ねじり修正作業時は，プロペラ加熱温度管理に十分留意し，プロペラ材質に影響を及ぼさない温度（高力黄銅の場合500〜800℃，アルミニウム青銅の場合750〜950℃程度）とする。

問6 入渠時，プロペラについてどのような状況確認を行うのか説明せよ。

答
- プロペラ翼面のき裂の有無の確認

    通常型プロペラの場合，プロペラ前進面側の翼根元部のカラーチェックなどの非破壊検査を行い，き裂が検視されたときは，き裂の深さを確認しながら，スムーズに加工・修正する。ただし，検査官と協議，立会いの上で施工する。
- ハイスキュープロペラの場合

    翼根元部の精査に加えて，翼後縁側の $0.6〜0.8R$ 付近に最大翼応力が発生する個所があるので，その付近のカラーチェックを行い，き裂の有無を確認する。き裂が検視された場合は，検査官と協議し対策を行う。
- プロペラの曲損，欠損の確認

    プロペラの曲損，欠損が発見されたときには，p.112に記した要領で工事を施工する必要があるが，船級協会によっては，$0.7R$ 以下の位置での新しいピースによる切継ぎ溶接を認めていないので，工事を行う際は検査官と十分に協議する必要がある。
- 翼の表面粗度

    プロペラの翼面は，海洋微生物による汚損によって生じる翼面粗度の変化，自然損耗によるプロペラの翼面粗度の経年変化，キャビテーションによって生じるプロペラ翼面粗度の変化などによって，肌荒れ状態の場合は，プロペラ効率に影響を及ぼすので，翼面研磨が必要である。

問7 プロペラ効率に影響を及ぼす因子にはどのようなものがあるか。

答
- プロペラ直径：プロペラ直径を増加し，回転数を低下させると，効率は増加する。
- ピッチ比：ピッチ比が増加すると，効率は上昇する。
- 展開面積比：展開面積比が減少すると，効率は増加するが，キャビテーションが発生しやすくなる。
- 羽根数：羽根数が多くなると，翼相互間の干渉により効率は低下する。
- 羽根断面形状：エーロフォイル型は効率の点では良いがキャビテーションが発生しやすく，オジバル型はキャビテーションは発生しにくいが効

率の点でやや劣る。
- ボス比：ボス比が増加すると，効率は低下する。
- 翼厚：翼厚が増加すると，効率は低下する。
- 表面粗度：表面粗度が増加すると，効率は低下する。
- プロペラ深度：深度が極端に小さくなり表面が水面近くになると，スラストが急激に減少して効率は著しく低下する。

問8 シーマージンについて説明せよ。また，一般にどのくらいの値か。

答 船を計画の速力で運航するときの出力が常用出力であるが，航海中の風波による出力増加，操舵による馬力増加，船体やプロペラの汚損による出力増加を考慮して，ある程度の余裕を持っておく必要がある。この出力の余裕分をシーマージンといい，次式で表される。

$$シーマージン = \frac{P - P_0}{P_0}$$

ここで，P は常用出力であり，P_0 は水深が十分な穏やかな海を，清浄な船体およびプロペラで，船が計画速力で直進する場合の所要出力である。

シーマージンは，航路，季節，船の大きさ，船型，載貨状態，船体塗料の種類，主機の種類などによって異なるが，普通は15％としている。

船の初期計画において，シーマージンは船の搭載主機出力の決定ばかりでなく，プロペラの設計などに使用される。つまり，主機の定格回転数100％で常用出力の85％の出力を出すようにプロペラを設計している。その場合の回転数の余裕（回転マージン）は約5.5回転/分である。

機関-2

5 補 機

5-1 ポンプ

> **問1** 同特性のうず巻きポンプを2台，直列にして運転した場合と並列にして運転した場合とでは，うず巻きポンプ1台の運転時に比べて，揚程ならびに揚水量はどのように変化するか。

答 ＜直列の場合＞ 揚程は2倍となるが，揚水量は変化なし。
＜並列の場合＞ 揚水量は2倍となるが，揚程は変化なし。
【注】 揚程と管路抵抗の特性曲線を図示して確認すること。

> **問2** うず巻きポンプの送出し量の調整を，次の(1)および(2)の方法で行った場合について，送出し量に対する揚程曲線を描き，運転点を示してその変化をそれぞれ説明せよ。
> (1) 送出し止め弁の開度は一定で，ポンプ回転数を変える方法
> (2) ポンプ回転数は一定で，送出し止め弁の開度を変える方法

答 (1) 送出し弁開度一定で回転数を下げる場合で考えると，管路抵抗曲線Rは変わらず，揚程曲線Hと軸動力曲線SHPとがそれぞれH′，SHP′に変化する。したがって，ポンプ運転点はa→1，軸動力はc→2，揚水量はQ→Q′へと変

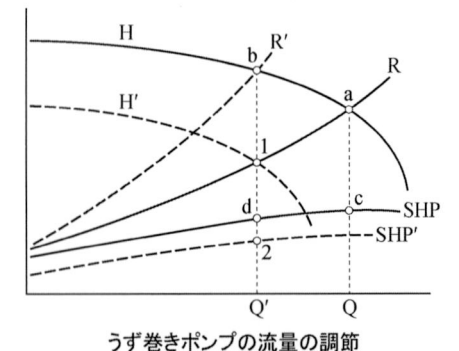

うず巻きポンプの流量の調節
(出典：重川亘・島田伸和『舶用補機の基礎』成山堂書店)

化する。
(2) 回転数一定で送出し弁開度を絞る場合で考えると，管路抵抗曲線 R は R′ に変化し，揚程曲線 H と軸動力曲線 SHP は変化しない。したがって，運転点は a→b，軸動力は c→d，揚水量は Q→Q′ へと変化する。

問3 うず巻きポンプに生じるキャビテーションとは，どのような現象のことか。また，キャビテーションを防止するため，ポンプおよび付属装置について，どのような対策がとられているか。

答 ＜キャビテーション（現象）＞

流れの圧力が低下すると，水中に溶解している空気（自然水では容積2％程度）が分離して気泡を生ずる。さらに圧力が低下し水温相当の飽和蒸気圧に達すると，水蒸気が発生し，先に発生した気泡と一体になって空洞を生ずる。この現象をキャビテーションという。

＜対策＞

利用し得る有効吸込みヘッド（Available NPSH）が必要な有効吸込みヘッド（Required NPSH）以上になると，キャビテーションが発生する。利用し得る NPSH はポンプ据付け高さにより変化することから，次のような対策がとられている。
- 吸込み管は，吸込み揚程が大きくなり過ぎないように太く，短くする。
- 吸込み管には，曲がりや付属品をできるだけ減らし圧力損失を少なくする。さらに抵抗の少ないものを用いる。

【注】NPSH : Net Positive Suction Head

問4 片吸込み形うず巻きポンプに軸方向スラストが発生するのはなぜか。また，その影響は何か。それぞれ説明せよ。

答 ＜軸方向スラスト発生原因＞

片吸込み形の羽根車は，左右側面（囲い板）に作用する圧力は対称ではなく，吸込み口の圧力が低く，吸込み側に向かって押す力が生じ，羽

根車を固定した軸に軸推力が作用する。
<影響>
　　軸方向スラストが吸込み口に向け発生すると羽根車は一方向に押されるので，羽根車出口と案内羽根入口が食い違い，流れが乱れて効率が低下し，またマウスリングその他，微少すき間部が接触して焼付きの恐れがある。

問5　うず巻きポンプの比速度（比較回転数）とは，どのようなことか。

答　うず巻きポンプでは，羽根車の形状がポンプの形式を左右する大きな要素となっている。ある形式のポンプを考えた場合，比速度（比較回転数）とは，そのポンプを縮小（または拡大）して揚程 1 m，流量 1 m³/min となるような相似形のポンプをつくったときに得られる回転数のことをいう。

問6　全揚程 10 m，吐出し量 4.0 m³/min，回転数 1,500 rpm の比速度はいくらか。また，このポンプの形式は，何ポンプがよいか。図を参考にして答えよ。

答　全揚程を H [m]，吐出し量を Q [m³/min]，回転数を n [rpm] とすると

比速度 $n_s = n \times \dfrac{Q^{1/2}}{H^{3/4}}$

$ = 1500 \times \dfrac{4^{1/2}}{10^{3/4}}$

$ = 534$

したがって，図よりボリュートポンプがよい。

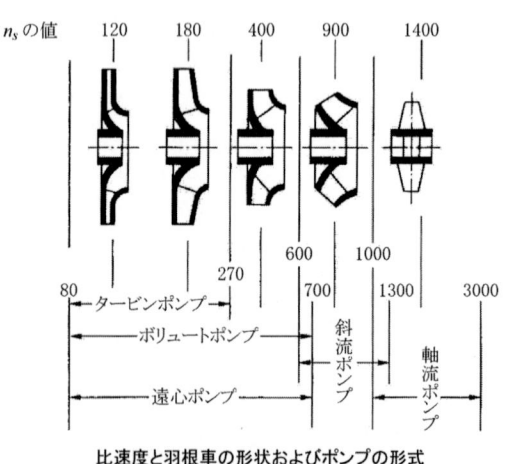

比速度と羽根車の形状およびポンプの形式
（出典：森田泰司『流体の基礎と応用』東京電機大学出版局）

5 補　機

問7　軸流ポンプとうず巻きポンプの特性曲線を考えて，両者の始動手順を説明せよ。

答　両者の特性曲線を比較した場合，軸流ポンプとうず巻きポンプとでの大きな相違点は，所要動力にある。軸流ポンプの所要動力は，流量がゼロ，すなわち吐出量ゼロ（締切り状態）で大きく，吐出量の増加に伴い減少する。一方，うず巻きポンプは，この逆の傾向を示す。したがって，軸流ポンプでは入口弁および出口弁を開放してポンプを始動するが，うず巻きポンプでは入口弁開放，出口弁閉鎖の状態でポンプを始動し，その後，出口弁を開放する。
【注】両者の特性曲線を図示して確認すること。

問8　3本ねじポンプにスラストが発生するのはなぜか。また，その対策は何か。

答　＜発生原因＞
　　吸込み側と吐出し側とに圧力差を生じることからスラストが発生する。
＜対策＞
　　一般的には，主軸にバランスピストン（釣合いピストン）あるいはバランスディスクを取り付けて軸方向スラストを釣り合わせている。
【注】図面にて確認すること。

問9　ポンプの吸込み揚程の限界は，理論上どのくらいか。

答　10.33 m。
　ポンプ運転中，吸込み側は大気圧以下，すなわち真空となっている。その最大値は完全真空状態である。最大値である完全真空状態を，ゲージ圧を基準として考えた場合の圧力差は，$1\,atm = 1.03323\,kgf/cm^2 = 760\,mmHg = 1.03323 \times 10^4\,mmAq = 10.33\,mAq$ のように表せる。したがってポンプの吸込み揚程は，大気圧と完全真空との圧力差 10.33 m が理論上の限界値となる。
【参考】実際の吸込み揚程限界は，吸込み管内の摩擦損失や弁の抵抗，吸込み

管内の速度ヘッド，吸込み管内の空気の混入などのため，6～7m程度が限度とされている（実揚程は，理論揚程の70％程度である）。

> **問10** サージングとは，どのような現象か。

答 うず巻きポンプや遠心式送風機，あるいは圧縮機に発生する不安定な運転状態であり，羽根車は運転（正転）しているにもかかわらず，吸込みと吐出しとを交互にかつ周期的に繰り返す現象で，振動や騒音を伴う現象をいう。

5-2　空気圧縮機

> **問1** たて形2段空気圧縮機に中間冷却器を設けて，2段圧縮する理由は何か。

答
- 1段と2段の圧力比を等しくすることで，全所要動力を最小にできる。
- 各段の圧力比が小さくなるので，圧縮後のガス温度が低くなり，潤滑油の劣化を防ぎ，弁部の寿命を長くできる。
- ガス温度が低いので容積効率が増大する。
- シリンダ配置を適当にすることで，運動部のつり合いを良くすることができる。

【参考】段数が多いほど等温圧縮に近づきガス圧縮仕事は減少するが，機械的損失が増加して原動機の出力は増大する。

> **問2** たて形2段空気圧縮機のスターティングアンローダは，どのようにして始動時の負荷を軽減させているか。

答 電動機の過負荷を防止するため無負荷起動を行う。具体的には次のような方法がある。
- 各段の吸入弁を開放する。

5 補　機

- 圧縮機から空気タンクに至る管の途中にある逆止め弁までの空気を逃がす。
- 吸入管を閉じる。

5-3　冷凍装置

問1　ガス圧縮式冷凍装置に関して，圧力-比エンタルピ線図を描き，冷凍サイクルを説明せよ。

答
- 圧縮過程（1→2）：理論的には断熱圧縮で等エントロピ線に沿う
- 凝縮過程（2→3）：等圧のもとで冷却
- 絞り膨張過程（3→4）：等エンタルピ変化
- 蒸発吸熱過程（4→1）：等圧のもとで気化

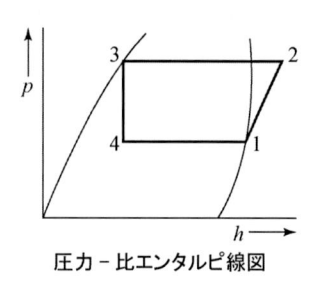

圧力-比エンタルピ線図

問2　成績係数（動作係数）とは何か。

答　機械的仕事量に対して，いかに多くの熱量を低熱源から吸収できるかの評価で，冷凍装置の性能を示す重要な数値。成績係数 ε は，冷媒流量を $G\,[\mathrm{kg/h}]$，1〜4（問1の図）におけるエンタルピをそれぞれ $h_1 \sim h_4$ とすると

$$\varepsilon = \frac{冷凍能力}{外部からの動力\,\mathrm{or}\,仕事(熱量)}$$

$$= \frac{冷媒の単位時間あたりに吸収した熱量}{圧縮機で単位時間あたりに冷媒になした仕事(熱量)}$$

$$= \frac{G(h_1 - h_4)}{G(h_2 - h_1)} = \frac{h_1 - h_4}{h_2 - h_1}$$

問3　ガス圧縮式冷凍装置の冷媒の過冷却とはどのようなことか。また，過冷却を行った場合，過冷却をしなかった場合に比べて，成績係数はどのようになるか。それぞれ説明せよ。

答　＜過冷却＞
凝縮器内の液冷媒を飽和温度以下に冷却すること。過冷却サイクルは 3→3′，4→4′ になる。

＜成績係数＞
大きくなる（圧力-比エンタルピ線図にて確認すること）。

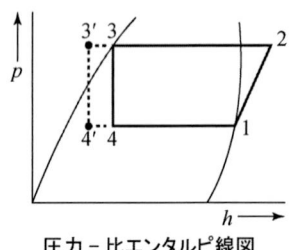

圧力 - 比エンタルピ線図

問4　ガス圧縮式冷凍装置の自動運転について説明せよ。

答　＜停止→始動＞
① 冷蔵庫（冷凍庫）の温度が設定値より上昇
② サーモスタット内の接点が入り，電気信号により電磁弁が開く
③ 蒸発器へ液冷媒が供給される
④ 圧縮機の吸入圧力が上昇する
⑤ 低圧スイッチにより圧縮機が運転される
⑥ 圧縮機始動後，自動膨張弁の作動により冷媒供給量が調節される

＜運転→停止＞
① 冷蔵庫（冷凍庫）の温度が設定値となる
② サーモスタットが働き，電磁弁が閉鎖する
③ 圧縮機の吸入圧力が低下する
④ 低圧スイッチにより圧縮機が自動停止する

問5　冷凍装置における往復圧縮機のアンローダ機構とは何か。

答　往復圧縮機では，運転中，負荷（吸入圧力）に応じてその能力制御を行う

ことが可能であり，この機構をアンローダという。すなわち，膨張弁の絞り作用に伴う負荷（吸入圧力）に応じて，往復圧縮機の気筒数を変更するのである（吸入弁を開放状態とする）。

問6 冷凍装置の吸入圧力が低すぎる原因を述べよ。

答
- 装置内の冷媒量が少ない。
- 膨張弁の開度が小さい。
- 蒸発器内での管の表面に，霜が付着している。
- 乾燥器（ドライヤ）内が閉塞している。

問7 冷凍装置の吐出圧力が高すぎる原因を述べよ。

答
- 凝縮器の冷却不足（汚れ）。
- 冷媒の充てん量が多すぎる。
- 冷却水の水量が不足している。
- 冷媒に多量の空気が混入している。

問8 リキッドバックの原因は何か。また，その影響は何か。

答 蒸発器で冷媒が全部気化せずに，一部が液状で圧縮機に吸入される現象をいう。

＜原因＞
- 膨張弁の作動不良（開度が大きすぎて，冷媒が多量に流れすぎる）
- 蒸発器における熱交換不良（たとえば，霜の付着）

＜影響＞
- 液体（非圧縮性流体）によるシリンダ破損の恐れ
- 冷媒が LO 中に溶け込んで，潤滑性を失わせる → 焼付き
- 圧縮機自体に霜がつく

問9 フロンガス圧縮式冷凍装置の液管中に発生するフラッシュガスは，どのようにして発生するか。また，その影響は何か。

答 ＜フラッシュガス発生原因＞

高圧液配管内での圧力損失が大きい場合，液冷媒の一部が絞り膨張して高圧液管内に蒸気が発生する。また高圧液管が加熱された場合も液冷媒の一部が蒸発して蒸気が発生する。しかしながら，この蒸気は膨張弁を通過して蒸発器に入っても役には立たない。このような蒸気をフラッシュガスという。液冷媒管の立ち上がり高さが大きい場合もフラッシュガスが発生しやすい。

＜影響＞

膨張弁を通過して蒸発器へ供給される冷媒流量 [kg/h]（冷媒循環量）が減少するので，冷凍能力の低下につながる。

問10 ガス圧縮式冷凍装置に設置される温度自動膨張弁の感温筒内には一般にどのような物質が封入されているか。また，外部均圧管を接続する場合，その場所と理由は何か。

答 ＜感温筒＞

冷凍装置で使用されている冷媒と同じ冷媒が封入されている。

＜場所＞

蒸発器出口か圧縮機入口（通常，膨張弁の感温筒が設置されている箇所）

＜理由＞

蒸発器内の冷媒の圧力損失（圧力降下）が大きくなると，冷凍負荷が同じであるにもかかわらず，過熱度が下がり膨張弁の開度が小さくなる。これを防止するために均圧管を設ける。

5-4 空気調和装置

> **問1** 空気調和を行うのに必要な装置を，4つの構成要素をあげて説明せよ。

答
- 空気調和機：空気の温湿度を調整する。
- 熱源機器：空気調和機に使用する冷水や温水または蒸気をつくる冷凍機，ヒートポンプ，ボイラなど。
- 搬送機器：空気を送る送風機やダクトならびに蒸気や冷温水の搬送に用いられるポンプや配管など。
- 空気浄化装置：粉じんや臭気などの除去に用いる。

> **問2** 空気調和において用いられる次の用語を説明せよ。
> (1) 湿り空気　　(2) 露点　　(3) 相対湿度

答
(1) 湿り空気：ある温度において，水蒸気を成分として含んでいる空気（⇔乾き空気）。
(2) 露点：湿り空気の温度を下げていくと，過飽和状態となり，ついに大気中に含まれている水蒸気が凝結を始める。このときの温度を露点という。
(3) 湿り空気の湿度の表し方の1つ。同じ温度における水蒸気の飽和圧力に対する湿り空気中の水蒸気の分圧の比で表す。乾き空気では0％，飽和湿り空気では100％となる。

> **問3** 空気調和において用いられる湿り空気線図とは，どのようなものか。

答 空気の状態や特性を1枚の図に集約して表した線図。
一般に圧力を一定（大気圧）として，絶対湿度 x と比エンタルピ h を座標軸として空気の状態を表すようにしたものが湿り空気線図（h–x 線図）の代

表的なものである。
湿り空気線図は，乾球温度 t，湿球温度 t'，露点温度 t''，相対湿度 φ，飽和度 ψ，比体積 v，比エンタルピ h，水蒸気の分圧 p_w，熱水分比 u，顕熱比 SHF などの値を，どれか2つの値から決めることができる。

湿り空気線図

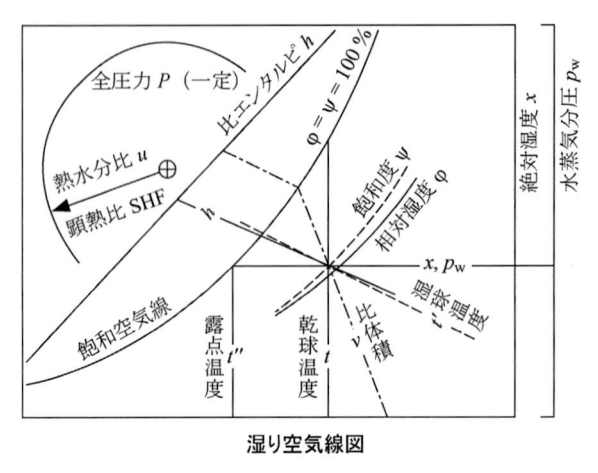

5-5 油清浄機

問1 遠心式油清浄機に設置している調節板の役割は何か。

答 遠心式油清浄機において，効率よく油の清浄を行うためには軽液（油）と重液（水）の分離境界面をある一定値に保つ必要がある。しかしながら，この分離境界面は油の密度によって位置が変わるため，分離境界面の位置が常に一定位置となるよう調整をしなくてはならない。この役割を果たすのが「調節板（グラビティディスク）」であり，構造上，重液側で調整するのが一般的である。

問2 遠心式油清浄機に使用される封水の役割は何か。

答 水出口を塞ぐための水であり，同時に分離境界面を形成する役割も果たす。
3層分離遠心式油清浄機の回転体内が空の状態で油を供給すれば，油は水出口から流れ出てしまう。このために予め水を入れて水出口を塞いでおく必要がある。この水のことを「封水」という。この封水により，分離境界面が

回転体内にて形成されるが，前問の解答に示すように調節板によりその位置が決定される。

問3 分離板型遠心式油清浄機に設置している分離板の効果について説明せよ。

答 油の中に微細な粒子があると想定し，この粒子は分離板がなければ油とともに流れ出て遠心式油清浄機では捕獲することはできないと仮定する。ここで，2枚の分離板の中をこの粒子が流れる様子を考える。粒子には，油が中心へ向かおうとする流速と遠心力の2つの力が働き，その合力で上の分離板の裏側に衝突する。一方，2枚の平板における速度分布は壁面上ではゼロとなる特性があることから，この粒子は分離板裏側に衝突した時点で遠心力の力のみを受け，結果として分離板裏側壁面上を理論上は滑ることになる。このようにして微細な粒子をも捕獲するために分離板が装着されている。

問4 弁排出型遠心式油清浄機のスラッジ排出機構を説明せよ。

答 ＜通液運転時の弁シリンダの閉弁状態＞
　　閉弁作動水（タンクあるいは減圧弁にて 0.02 MPa 程度）が弁シリンダ下部にある閉弁水圧室に充満し，これに遠心力が加わることで弁シリンダを上方に押し上げる水圧が発生する。これにより，弁シリンダは弁パッキンと接触し，スラッジ排出孔を塞ぎ，回転体は密閉状態となる。
＜スラッジ排出時の弁シリンダの開弁状態＞
　　開弁作動水を開弁水圧室に供給すると，高圧水（0.3～0.4 MPa 程度）によりパイロットバルブが回転体中心方向に移動する。これにより，パイロットバルブは開放され，同時に閉弁水圧室内の閉弁作動水がパイロットバルブを通って回転体外部へと排出され，弁シリンダを上方へ押し上げていた水圧がなくなり，弁シリンダは下方へ下がる。その結果，スラッジ排出孔が開き，回転体内のスラッジと水はすべて排出されることになる。排出が終了すれば，開弁作動水の供給が停止され，開弁水圧室

内の高圧水は水抜きノズルから排出されて，パイロットバルブは遠心力でシート面に接触する。閉弁作動水を供給することにより弁シリンダは上方へ移動する。

> **問5** 遠心式油清浄機において，異常流出をした場合の原因を述べよ。

答
- 作動水・封水系統：閉弁作動水量不足，封水量不足
- 回転体：調節板選定ミス，弁パッキン損傷，パイロットバルブ不良（Oリング含む），水抜きノズル閉塞，回転体Oリング損傷
- 給水系統：Oリング損傷，装置の不具合（流路閉塞など）
- その他：油温低下

5-6 造水装置

> **問1** ディーゼル機関の冷却清水の廃熱を利用した浸管式造水装置について概要を述べよ。

答 主な構成要素は，給水加熱器，気水分離板，蒸留器，清水冷却器，抽気エゼクタ，ブラインエゼクタ，エゼクタポンプ，蒸留水ポンプ塩分計，電磁弁などである。水噴射エゼクタで 700 mmHg 程度の真空に保たれた蒸化器内の給水は，60〜65℃の主機冷却清水で加熱され，上記真空相当の飽和温度40℃程度で沸騰蒸発し，蒸留器内で蒸留水となる。蒸留水の塩分が 10 ppm を超えると塩分計の作用で電磁弁が開き，これを蒸化器へ戻す。主にディーゼル船に用いられる。

> **問2** 蒸気加熱の2段フラッシュ式造水装置について概要を述べよ。

答 主な構成要素は，蒸化器，フラッシュ箱，気水分離器，抽気エゼクタ，蒸

留器，Uシール，オリフィス，蒸留水冷却器，給水加熱器，エゼクタ復水器，ドレン加減器，給水ポンプ，蒸留水ポンプ，ブラインポンプ塩分計，電磁弁などである。給水はオリフィス板を通過するとき蒸発し，蒸気と給水が邪魔板でフラッシュ箱全体に分散され，多孔板を通過するとき液流が分離される。第2段蒸化器容積は第1段より大きいが，蒸発量は同じである。また，1，2段間の圧力差は第2段蒸留器間のオリフィスにより現出される。気水分離器は短い金属線を詰めたものである。なお，蒸留水中の塩分が規定値（4 ppm）を超えると塩分計が作動して電磁弁が開き，蒸留水をビルジへ落とす。主にタービン船に用いられる。

問3 低圧造水装置に関して，フラッシュ式は浸管式よりも大容量の造水に適するのは，なぜか。

答 フラッシュ式は浸管式に比べて，給水温度が高く，給水量が多く（浸管式の10～20倍），器内真空度が高く，一般に多段である。このような理由から大容量の造水に適する。
【参考】造水量は浸管式の約1.5倍

問4 低圧造水装置に関して，プライミングが発生した場合，どのような処置をするか。

答 ① 蒸発器内の水位を下げる→給水量を絞る
② 蒸発器内の海水濃度を下げる→ブロー
③ 蒸発器内の圧力を下げる→真空調整
④ 加熱管の掃除を行う→開放

5-7 油圧装置

問1 油圧回路を構成する基本要素をあげ，簡単に説明せよ。

答
- 油圧ポンプ：圧力油をつくるエネルギ源である。
- 油圧バルブ：圧力，流量，方向の制御を行う。
- 油圧アクチュエータ：油圧を仕事に換える。
- 油タンク：作動油を供給，蓄積する。
- 配管その他の付属機器（ストレーナ，フィルタ，クーラ，計器類を含む）：上記の構成要素をつなぐ。

問2 流量制御弁に設けられる圧力補償弁の役目は何か。

答 油温変化に伴う粘性の変化や流量調整弁入口・出口での圧力変動があっても油流量を一定に保つ。

問3 油圧式制御に用いられるゼロラップのスプール弁とは，どのようなものか。

答 スプール（くし形）がスリーブ（円筒形の滑り面）で構成される案内弁で，軸方向に移動して流路の開閉を行う形式の弁。ゼロラップのスプールは理想的な案内弁であり，負荷感度もよく不動帯などを生じない。

問4 アキュムレータは，どのような回路に用いられるか。

答 アキュムレータは，圧力保持，補助油圧源，衝撃緩衝，脈動吸収の用途に使用され，次のような利点がある。
- 油圧エネルギを蓄積しておき，停電や故障の際の緊急油圧源，補助油圧源，油漏れの補充などに利用できる。
- サージ圧（衝撃圧）を吸収し，振動を防ぐことができる。
- ポンプで発生する振動を吸収して，振動・騒音を防止することができる。
- 流体の搬送や増圧に利用できる。

5-8 甲板機械

> **問1** 電動ウインチに関して，発電制動法および回生制動法とは，それぞれどのような制動法か。

答 ＜発電制動＞
電動ウインチの定常運転状態で，電動機を一時的に電源から切り離し，回転エネルギを利用して発電機として運転し，荷物の降下中に発生するその発電電力を電機子回路に接続した抵抗で消費して制動する。
＜回生制動＞
荷物の降下中に速度が電動機としての速度以上で回転すると，電機子の逆起電力は端子電圧より高くなり，発電機となる。その結果，電機子電流は電源に向かって流れ，巻き降ろしの重力によるエネルギは電源に電力が回生される形で制動がかかる。

> **問2** 油圧ウインチにおいて，動力源に可変容量形油圧ポンプを用いると，使用上どのような利点があるか。

答
- ポンプ吐出し量を調節することによって，モータの速度を制御することができる。
- 始動トルクが大きく，速度によるトルクの変化が少なく，低速回転が容易に得られる。
- 負荷変動に対して速度変動がわずかである。
- 簡単に無負荷状態にて始動できるので，始動特性を必要としない簡単なかご形電動機を使用することができる。
- 圧力補償付き可変容量油圧ポンプを用いれば，リリーフ弁は不要となる。

問3 フィンスタビライザは，どのような原理によって横揺れを減少させるのか。また，この装置は，フィンのほか，どのようなものから構成されるか（名称をあげよ）。

答 ＜原理＞
　　船体の水面下両げんに一対のフィンを設置し，その突き出したフィンに水流が当たって発生する揚力を利用して，復元モーメントにより船体の横揺れを減少させている。
　＜構成部品＞
　　・フィン出し入れ用油圧シリンダ
　　・油圧ポンプおよび油圧モータ（ベーンモータ）
　　・主電動機
　　・ジャイロユニット
　　・フィン格納ボックス

問4 電動油圧操舵装置に関して，トランクピストン形およびラプソンスライド形とは，それぞれどのようなものか，特徴の概要を説明せよ。

答　電動油圧操舵装置は，電動機により一定速度で一定方向に回転している可変容量油圧ポンプの作用を利用するもので，代表的なものとしては，油圧シリンダとそれに挿入されているラムよりなる油圧装置と，ラムの運動を舵に伝える伝達装置とから構成される。油圧装置と伝達装置の組み合わせに下記がある。
＜トランクピストン形＞
　　一対の油圧シリンダを平行に配列し，2個のトランクピストンを連接棒によりそれぞれ直接だ柄に連結してある。操舵機室の狭い小形船などに使用される。
＜ラプソンスライド形＞
　　1ラム2シリンダ式（シングルラム式）と，2ラム4シリンダ式（ダブ

ルラム式）のものがある。だ柄はラムにピン結合ではなく，ラムに対しすべり得るように結合してある。大形船に使用される。

> **問5** イナートガス装置を油タンカーに装備する場合，どのような利点があるか。

答 ボイラの排ガス（酸素 2～4％，二酸化炭素 12～14％，二酸化硫黄 0.3％，窒素 80％程度）やその他の専用燃焼器によって得られた不活性ガス（主に窒素ガス）をカーゴタンク内に送入する。その利点は次のとおりである。
- タンクの爆発を防止するために酸素濃度を下げる（爆発限界 11～12 vol％以下）
- タンク部材の腐食を低減させるために酸素濃度を下げる（8 vol％以下）

6 電気および電子工学

6-1 交流回路

> **問1** 交流の平均値，実効値について説明せよ。

答 ＜平均値＞

正弦波交流電圧・電流において，瞬時値の半周期間の平均を平均値と呼ぶ。正弦波電圧の平均値 V_{av} と最大値 V_{max} の関係式は，次のようになる。

$$V_{av} = \frac{2}{\pi} V_{max} = 0.637\, V_{max}$$

＜実効値＞

交流の波形や周波数には関係なく，直流と同一の仕事をする交流量の大きさを実効値と呼ぶ。「瞬時値を2乗した値の平均値の平方根」で定義され，RMS値（Root Mean Square Value）と言うこともある。

正弦波電流の実効値 I と最大値 I_{max} の関係式は，次のようになる。

$$I = \frac{1}{\sqrt{2}} I_{max} = 0.707\, I_{max}$$

実効値は電力計算などに便利なため，実用的には最も広く用いられ，交流の電圧計や電流計は実効値を指示するようになっている。

> **問2** 交流回路の力率について説明せよ。

答 交流回路での電圧計の値（実効値）と，電流計の値（実効値）との積を皮相電力（単位 kVA）と呼ぶが，実際の交流回路では電圧と電流が時間と共に変化し，かつ，それらの間に位相差があるため，負荷が消費する交流電力（有効電力，単位 kW）は皮相電力より一般に小さい。

皮相電力に対する有効電力の割合を力率と言う。

電圧と電流の位相差を θ,電圧計の値を V[V],電流計の値を I[A]とすると,有効電力は $VI\cos\theta$ になり,力率は次式で表される(普通%で表す)。

$$力率 = \frac{有効電力}{皮相電力} = \frac{VI\cos\theta}{VI} = \cos\theta$$

問3 誘導リアクタンスについて説明せよ。

答 インダクタンス L[H]のコイルに正弦波交流電圧を加えたときの電圧の実効値 V[V]と電流の実効値 I[A]は次式によって表され,この式の ωL を誘導リアクタンスと呼び,単位は[Ω]を用いる。誘導リアクタンスは抵抗と同じで,電流を妨げる働きがあり,その大きさは,電源の角周波数 ω(周波数 f)によって変化する。また,誘導リアクタンスはインピーダンスとも呼ばれる。

$$I = \frac{V}{\omega L}$$

問4 容量リアクタンスについて説明せよ。

答 静電容量 C[F]のコンデンサに正弦波交流電圧を加えたときの電圧の実効値 V[V]と電流の実効値 I[A]は次式によって表され,この式の $1/\omega C$ を容量リアクタンスと呼び,単位は[Ω]を用いる。容量リアクタンスは抵抗と同じで,電流を妨げる働きがあり,その大きさは,電源の角周波数 ω(周波数 f)によって変化する。また容量リアクタンスは,インピーダンスとも呼ばれる。

$$I = \frac{V}{1/\omega C}$$

6-2 同期発電機の構造と運転特性

問1 同期発電機の励磁方式について説明せよ。

答 同期発電機の回転界磁の励磁には直流が必要であるが，この励磁電流を供給するものを励磁装置と呼び，次のようなものがある。

- 整流器励磁方式（自励式交流発電機）

  同期発電機が発生した電力の一部を，半導体整流器を用いて整流し，励磁電流として同期発電機の界磁巻線に，ブラシ・スリップリングを介して供給する。原理上，瞬時および定常電圧変動率を低く抑えることができるなどの優れた特徴を持っている。

- ブラシレス励磁方式

  同期発電機の回転子軸端に，適当な容量の交流励磁機（回転電機子形同期発電機）を直結し，それが発生した交流電圧を同じく回転子軸上に設けた半導体整流器を用いて整流し，そのまま主発電機（回転界磁形同期発電機）の界磁巻線に供給する。交流励磁機の界磁巻線（固定子）は，主発電機の母線に発生した交流電力の一部が，半導体整流器を介して励磁される。

  この方式では，負荷急変時の母線電圧の変動などに対する過渡応答が自励式交流発電機に比べてやや劣るが，発電装置全体でブラシ・スリップリングなどの摺動部分がまったくないので，火花発生の恐れもなく，極めて保守が容易なため，ほとんどの船舶に採用されている。

問2 同期発電機の電圧調整方法について説明せよ。

答 同期発電機は一定速度（同期速度）で運転されるので，端子電圧を調整するには，回転界磁に流れる励磁電流を変化させて行う。しかし，一般に端子電圧は，負荷電流の大きさおよびその力率によって著しく変化するので，手動で調整するのは非常に困難であるため，自動電圧調整器によって励磁電流を調整する。

問3 電圧変動率について説明せよ。

答 発電機の励磁および速度を一定として，定格力率の定格負荷から無負荷にしたときの電圧変動の割合を電圧変動率といい，普通，定格電圧の百分率で

表す。

定格端子電圧を V_n [V]，無負荷端子電圧を V_o [V] とすれば

$$電圧変動率 = \frac{V_o - V_n}{V_n} \times 100 \ [\%]$$

同期発電機の電圧変動率は，自動電圧調整器を使用するものでは，力率1.0において18〜25％，力率0.8で30〜40％くらいである。

問4 同期発電機の定格出力について説明せよ。

答 同期発電機の出力は，主として鉄損および抵抗損による温度上昇によって制限される。同期発電機の定格電圧（線間電圧）を V [V]，定格電流（線電流）を I [A] とすれば，3相同期発電機の定格出力 P [VA] は次式で表される。

$P = \sqrt{3}\, VI$

問5 同期発電機の電機子巻線がY（スター）結線，Δ（デルタ）結線の場合の相電圧，相電流，線間電圧，線電流の大きさについて説明せよ。

答 ＜三相星形結線（Y結線）の場合＞

線間電圧の大きさは，相電圧の大きさの $\sqrt{3}$ 倍であり，対応する相電圧より位相が30°（$\pi/6$）進んでいる。相電流と線電流は，大きさ，位相共に等しい。

＜三相環状結線（Δ結線）の場合＞

相電圧と線間電圧とは，大きさ，位相共に等しく，線電流の大きさは相電流の大きさの $\sqrt{3}$ 倍であり，位相は対応する相電流より30°（$\pi/6$）遅れている。

問6 同期速度について説明せよ。

答 ある極数の同期発電機では，起電力の周波数と回転子（磁極）の回転数との

間には一定の関係があり，一定周波数の起電力を得るには，周波数に対応した特定の回転数で，運転しなければならない。すなわち，同期発電機の回転速度は，発電機の極数と，起電力の周波数によって決定され，これを同期速度という。

極数 P，誘導起電力の周波数 f [Hz] の同期発電機の同期速度 N_s [rpm] は，次式で表す。

$$N_s = \frac{120f}{P} \quad [\text{rpm}]$$

問7　電機子反作用について説明せよ。

答　三相同期発電機の電機子巻線に平衡三相交流の負荷電流が流れると，誘導電動機の場合と同様に，この三相交流により電機子巻線中に同期速度で回転する回転磁界が生じる。この回転磁界は，同期速度で回転している発電機の主磁極とギャップ周辺の空間において相対しており，常に一定の関係位置を保っている。このため両磁界の間に何らかの作用が働くはずで，電機子電流により生じた回転磁界が，主磁極に生じた磁束に及ぼす影響を電機子反作用という。電機子反作用は電機子電流の大きさだけでなく，誘導起電力と電機子電流との位相関係，すなわち負荷の力率により著しく異なる。

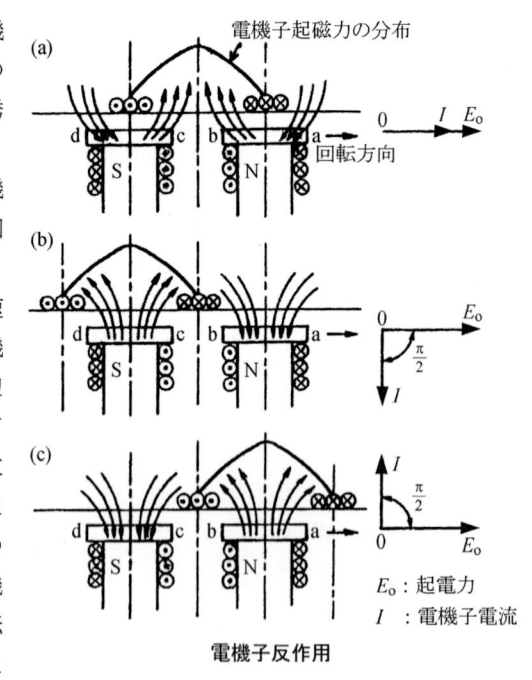

電機子反作用

E_o：起電力
I：電機子電流

(a) 電機子電流と誘導起電力とが同相の場合（力率1の場合）

電機子反作用は主磁界の作用軸（磁極の中心線）と電気的に90°の角をなす方向に起磁力を生じるので，この作用は交さ磁化作用と呼ばれている。主磁束を回転と反対方向に偏磁させ，また，鉄心には飽和現象があるので，この反作用により発電機の誘導起電力は少し減少する。電機子電流が大きいほど減少量は多くなる。

(b) 電機子電流が誘導起電力より90°遅れる場合（遅れ力率0の場合）

電機子起磁力は主磁界の作用方向とは逆に働くので，電機子反作用は主磁束を弱め，誘導起電力を著しく減少させる。この反作用を減磁作用という。

(c) 電機子電流が誘導起電力より90°進む場合（進み力率0の場合）

電機子起磁力は主磁界の作用方向と同方向に働くので，電機子反作用は主磁束を強め，誘導起電力を増加させる。この反作用を磁化作用という。電機子反作用は，主磁束に影響を与え，誘導起電力を変化させる作用があるので，これを交流回路に直列に接続された一種のリアクタンスとみなし，反作用リアクタンスという。

問8 電機子漏れリアクタンスについて説明せよ。

答 電機子電流によって生じる磁束のうち，そのほとんどはギャップを通って直接主磁束に影響を及ぼし電機子反作用を生じるが，一部は電機子巻線とのみ鎖交し主磁束に影響を与えない電機子漏れ磁束が存在する。この磁束は電機子巻線に逆起電力を誘導するから，その分だけ発電機の誘導起電力を減少させる。この作用を電機子漏れリアクタンスという。

電機子反作用による反作用リアクタンスと電機子漏れ磁束による電機子漏れリアクタンスとは，もともと同一の電機子電流によるものであり，共に発電機の端子電圧を変動させる働きがあるので，便宜上これらを一括して単一のリアクタンスと考え，同期リアクタンスと呼んでいる。また，同期リアクタンスと電機子巻線抵抗とからなる量を同期インピーダンスと呼ぶ。

問9 同期発電機の等価回路を図示せよ。

答 発電機に力率 $\cos\theta$ の負荷電流が流れているときの，1相についての等価回路は図のように表すことができる。

ここで，等価回路において
E_o：仮想誘導起電力（無負荷時の誘導起電力）
V：端子電圧
r_a：電機子巻線抵抗
x：電機子漏れリアクタンス
x_a：電機子反作用による反作用リアクタンス
x_s：同期リアクタンス
Z_s：同期インピーダンス

同期発電機の等価回路

問10 同期発電機の電圧，電流のベクトル図を書き，説明せよ。

答 このときの各電圧，電流のベクトルは図のようになる。

図において，E_o [V] は無負荷誘導起電力で，負荷電流 I が流れると，電機子反作用（減磁作用）によるリアクタンスのため $x_a I$ だけ誘導起電力が減り，電機子内部に発生する起電力は E_i（内部電圧という）となる。E_i よりさらに，電機子漏れリアクタンスによる電圧降下 xI，電機子巻線抵抗による電圧降下 $r_a I$ をベクトル的に差し引いて端子電圧 V [V] が得られる。また，$Z_s I$ は同期インピーダンスによる電圧降下を表す。

同期発電機の電圧，電流のベクトル図

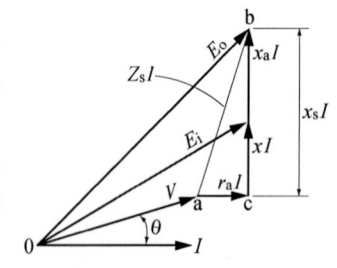

問11 軸電流について説明せよ。

答 発電機の回転界磁の回転によって，回転軸に不要な磁束が発生し，この磁束によって回転軸の両端に電圧（軸電圧）が発生し，発電機の働きとは関係のない電流が，軸→軸受→軸受台→ベース（台板）→軸受台→軸受→軸の閉回路内を流れる。この電流を軸電流と呼ぶ。

軸電流によって，軸受面の潤滑油油膜が破壊され，軸受が過熱し損傷する可能性がある。したがって，軸受台とベース間に絶縁板を入れて軸電流の流れをしゃ断する方法がとられている。

6-3 同期発電機の並列運転

問1 並列運転の条件について説明せよ。

答 2台以上の発電機を安定した並列運転をさせるために，発電機および原動機に必要な条件がある。
＜発電機に必要な条件＞
- 各発電機の起電力の大きさが等しいこと。
- 各発電機の起電力が同位相にあること。
- 各発電機の起電力の周波数が等しいこと。

＜原動機に必要な条件＞
- 各原動機が均一な角速度を有すること。
- 各原動機が適当な速度調定率（無負荷速度と定格速度との差の定格速度に対する比）を有すること。
- 各原動機のガバナ感度が適当であること。

問2 無効横流の発生する原因を説明せよ。

答 2台の同期発電機A，Bが母線に並列に接続されている場合は，両発電機の誘導起電力 E_A [V]，E_B [V]は，母線に対しては同位相にあるが，両発電機の電機子からなる内部回路ではその位相が π（180°）異なっている。した

がって，$E_A=E_B$ のときはその合成起電力は零（方向が逆で大きさ同じ）で，電機子の内部には循環電流は流れない。

しかし，たとえば A 機の界磁電流が増加して $E_A>E_B$ となると，$E_A-E_B=E_o$ なる起電力の差が生じ，この E_o により両発電機の電機子の内部回路に，I_c なる循環電流（横流）が流れる。その大きさは

$$I_c = \frac{E_o}{2Z_s} \text{ [A]}$$

となる。

Z_s は各発電機の同期インピーダンスであるが，電機子巻線の抵抗は無視できるので，各発電機の電機子巻線のリアクタンス x_s にほぼ等しいと考えてよい。したがって I_c は E_o に対して右図に示すように，ほとんど $\pi/2$（90°）位相の遅れた（力率ほぼ零）無効電流となる。

この循環電流 I_c はその分だけ電機子銅損が増すだけで，有効電力を生じないので無効横流と呼ばれる。

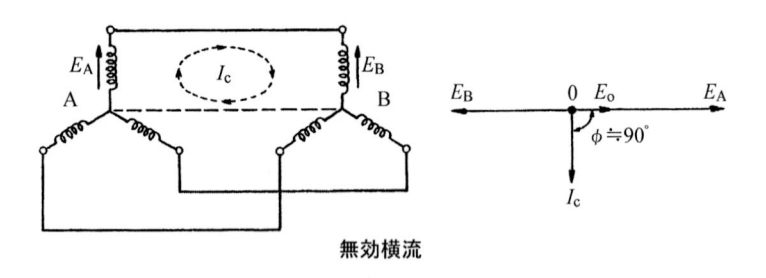

無効横流

> **問3** 無効横流が発生すると，どの計器に表れ，何を操作して調整するか説明せよ。

答 並列運転中の発電機の誘導起電力に差が生じて無効電流が流れた場合，起電力の大きい方の発電機に対しては遅れ電流となるので，電機子反作用は減磁作用となり，主磁束を打ち消して端子電圧を低下させる。一方の起電力の低い方に対しては進み電流となるので，電機子反作用は磁化作用となり，主磁束を増大させて端子電圧を上昇させる。結局，無効横流は起電力の大きさのわずかの相違に対しては，両者が歩み寄り，端子電圧をある平衡状態に落

ち着けようとする作用を生じる。

　このように，並列運転中の発電機の起電力に差が生じても両機の電圧計の指示はほとんど変わらないが，起電力の大きい機の電流計は無効電流の増加により指示が大となり，力率は低下，起電力の小さい機の電流計は指示が小となり，力率は良くなる。電力計の指示は両機ほとんど変わらない。

　並列運転中の発電機の力率が異なる場合（無効電力の分担が異なる場合）の調整は，界磁電流を加減することにより無効横流を加減して行う。つまり，力率の低い機の界磁電流を減じるか，力率の高い機の界磁電流を増す。あるいは，両者を併用して行う。

　界磁電流を加減することにより，力率を変え，無効電力の分担を変えることはできるが，有効電力の分担を調整することはできない。

問4　有効横流（同期化電流）の発生する原因を説明せよ。

答　2台の発電機A，Bの誘導起電力が相等しく，母線に対して同位相で並列運転をしているときに，たとえばA機の速度が少し増加したとき有効横流 I_s が流れる。すなわち，図に示すように，A機の誘導起電力 E_A は δ だけ進んで E_A' となり，B機の誘導起電力 E_B との合成起電力 E_o が生じて，E_o よりほぼ $\pi/2$（90°）位相の遅れた循環電流（横流）I_s が無効横流の場合と同じように流れる。この循環電流 I_s は，E_A' とはほぼ同相の有効電流なので有効横流と呼ばれる。

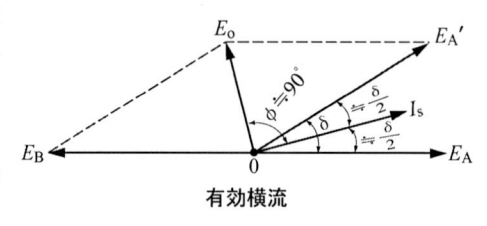

問5　同期化力について説明せよ。

答　有効横流の図から有効横流 I_s が流れると，A機の負荷は $P_A = E_A' I_s \cos(\delta/2)$ だけ増加し，したがって回転速度が減少する。また，B機の負荷は $P_B = E_B I_s \cos(180° - \delta/2) = -E_B I_s \cos(\delta/2)$ だけ減少し，回転速度が増加する。すなわち，

位相の進んだ A 機は位相の遅れた B 機に電力を供給して，自動的に E_A，E_B を同一の位相に保つように働く。

有効横流 I_s は，A，B 両機を同一位相に保つように働くので同期化電流とも呼ばれ，位相角 δ を元に戻そうとする I_s による電力 P_A，P_B を，同期化力と呼んでいる。

> **問6** 乱調とはどのような現象か。また発生する理由は何か。

答 並列運転中の各発電機の回転数が互いに等しくても，1回転における角速度が均一でない場合，瞬時的に起電力の大きさや位相に差を生じるため，発電機間に横流が周期的に交互に流れ，安定した並列運転ができなくなること。

乱調の原因として下記があげられる。
- 原動機のガバナの感度が鋭敏すぎる場合
- 原動機のトルクに高調波トルクを含む場合

> **問7** 2台の発電機の電圧，周波数，および位相が等しくなったとき，同期検定灯の状態をベクトル図を書き説明せよ。

答 図は発電機 A（電圧のベクトル a_1，b_1，c_1）と発電機 B（電圧のベクトル a_2，b_2，c_2）の周波数と位相が等しくなり，同期したときのベクトル図である。図より，検定灯 L_1 は消灯し，L_2，L_3 は同じ明るさで点灯する。

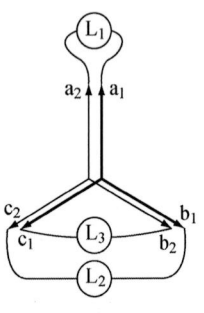

同期検定灯のベクトル図

6-4 配電装置

> **問1** 配電盤に力率計がない場合の力率の求め方を説明せよ。

答 配電盤に，電圧計（実効値指示），電流計（実効値指示），電力計（有効電力指示）があり，力率計がない場合に力率を求めるには

有効電力[kWまたはW]＝電圧(実効値)[V]×電流(実効値)[A]×力率

から

$$力率 = \frac{有効電力[kW または W]}{電圧(実効値)[V] \times 電流(実効値)[A]}$$

$$= \frac{電力計指示[kW または W]}{電圧計指示[V] \times 電流計指示[A]}$$

問2 配電盤の形式について説明せよ。

答 船舶設備規程第214条「供給電圧が50ボルトを超える配電盤は，デッドフロント型のものでなければならない。」

つまり，供給電圧50ボルトを超える配電盤では，前面の人が触れる個所には，充電部（電圧がかかっている部分）があってはならないとしている。

問3 優先しゃ断と選択しゃ断について説明せよ。

答 ＜優先しゃ断方式（非重要負荷優先しゃ断方式）＞

発電機の並列運転中，何らかの原因によって1台の発電機の気中しゃ断器がトリップした場合に，運転を続ける発電機の気中しゃ断器が過負荷によってトリップすることを防止するため，非重要負荷の配線用しゃ断器をトリップさせ，重要負荷への給電を確保すること。

＜選択しゃ断方式＞

ある給電回路に過電流（過負荷電流または短絡電流）が流れたとき，その回路に最も近い配線用しゃ断器がトリップし，他の回路は給電を続けること。

問4 シーケンシャルスタート（順次始動）について説明せよ。

答 ブラックアウトした後に電源が復帰したとき，電動機の同時始動によって発電機の容量が不足することを防止するため，タイマーの動作によって，重要補機の電動機から順番に始動すること。

6-5 誘導電動機

問1 誘導電動機の種類について説明せよ。

答 ⓐ 回転子の構造の違いによって次の2種類がある。
- 巻線形誘導電動機
- かご形誘導電動機

ⓑ 電源の相数の違いによって次の2種類がある。
- 単相誘導電動機
- 三相誘導電動機

問2 誘導電動機の銘板にはどのような事項が記載されているか。

答
- 名称（三相誘導電動機）
- 定格出力
- 定格電圧
- 定格周波数
- 電流
- 極数
- 製造業者名

問3 誘導電動機の回転する原理を説明せよ。

答 固定子巻線に発生した回転磁界と回転子導体の電磁誘導作用によって回転子導体に2次電流が流れる。この電流と回転磁界との間に発生する電磁力によって，回転子にトルクが生じ回転する。

問4 極数とは。2極，4極で説明せよ。

答 固定子の固定子巻線に発生した回転磁界の磁極数のこと。
　固定子の断面図において巻線が3本で1極を表しており，2極の場合6本の巻線で，4極の場合12本の巻線で構成されている。

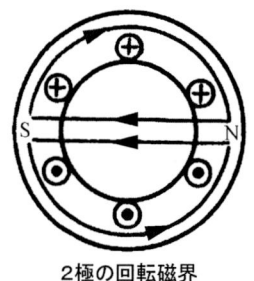

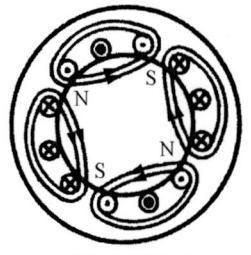

2極の回転磁界　　　4極の回転磁界

問5 同期速度について説明せよ。

答 回転磁界の回転速度のことで，次式によって表される。

$$N_s = \frac{120f}{P}$$

　ここで，N_s：同期速度 [rpm]，f：電源周波数 [Hz]，P：極数

問6 すべりについて説明せよ。

答 同期速度に対する，同期速度と回転子回転速度の差の割合で，次式によって表される。

$$s = \frac{N_s - N}{N_s} \times 100$$

　ここで，s：すべり [%]，N_s：同期速度 [rpm]，N：回転子の回転速度 [%]
　すべりは誘導電動機が停止時，100％であり，運転中は3～8％である。

問7 誘導電動機が規定回転数に達しない原因を説明せよ。

[答]
- 電源電圧の低下
- 電源周波数の低下

問8 誘導電動機の始動方法について説明せよ。

[答] ＜かご形誘導電動機＞
- 全電圧始動法
  電源電圧を直接加えて始動する。
- スター・デルタ（Y-Δ）始動法
  始動時に電源電圧をY接続の固定子巻線に加え，約60％（$1/\sqrt{3}$倍）減圧し，始動電流を減少させ，定格速度に近づくとΔ接続に切り換え，全電源電圧を加えて運転する。
- 始動補償器始動法
  始動時に電源電圧を始動補償器（三相単巻変圧器）に加え，40％から80％減圧して始動電流を減少させ，定格速度に近づくと始動補償器を切り離し，全電源電圧を加えて運転する。

＜巻線形誘導電動機＞
- 2次抵抗法
  回転子巻線（2次回路）にスリップリングとブラシを接続した加減抵抗器によって始動電流を減少させる。

問9 誘導電動機の速度制御方法について説明せよ。

[答] ＜極数変換方式＞
固定子巻線の接続を切り換え，極数を変えて回転速度を制御する。工作機械，送風機，係船機などに用いられている。

＜電源周波数変換方式＞
半導体電力変換装置（インバータ）によって電源周波数を変えて回転速度を制御する。

問10　誘導電動機の制動方法について説明せよ。

答　＜逆相制動法（プラッギング）＞
電動機側の端子のうち2相を入れ替え逆転させ，急停止する。
＜回生制動法＞
クレーンなどの巻下げ中に電動機が加速を終わり荷重によって回され始めると，電動機が発電機となり，その発生電力を電源に返して急停止する。

問11　誘導電動機の1次負荷電流について説明せよ。

答　固定子巻線に流れる電流のうち，回転磁界と回転子導体の電磁誘導作用によって回転子導体に流れる電流（2次電流）に変換される電流のこと。

【解説】電源電圧が固定子巻線に加わり，固定子巻線に流れる電流は次式で表される。

$$I_1 = I_0 + I_1'$$

ここで，　I_1：固定子巻線に流れる電流（1次電流）
　　　　　I_0：回転磁界の磁束を作る電流（励磁電流）
　　　　　I_1'：電磁誘導作用によって回転子導体に流れる電流（2次電流）に変換される電流（1次負荷電流）

問12　すべりと電流の関係を図示して説明せよ。

答　始動時の始動電流はかなり大きくなり，運転時の4倍から6倍になる。
回転速度が増加すると電流は減少し，運転状態になる。

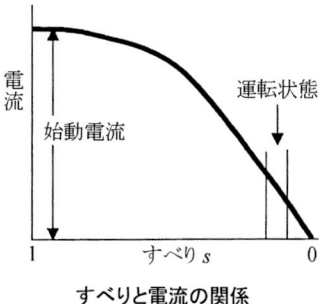

すべりと電流の関係

問13　すべりとトルクの関係を図示して説明せよ。

答　始動時の始動トルクは比較的小さいが，回転速度が増加するに伴って最大トルクとなり，その後トルクは減少し，運転状態になる。

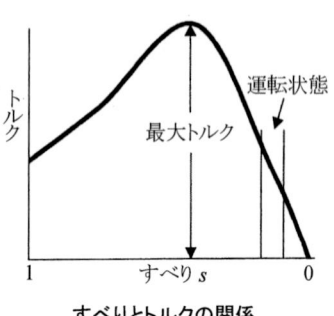

すべりとトルクの関係

問14　比例推移について説明せよ。

答　巻線形誘導電動機の回転子巻線の抵抗値（2次抵抗値）が増加するとすべりも比例して増加する現象のことで，巻線形誘導電動機の始動時に応用されている。

　図において，巻線形誘導電動機の始動時，回転子巻線に接続された加減抵抗器の抵抗値を r_1 から r_2 に増加すると，すべりは s_1 から s_2 に増加する。電流とトルクの特性曲線はそれぞれ左に移動し，始動時（$s=1$）に電流を小さくしトルクを大きくすることができ，滑らかに始動することができる。

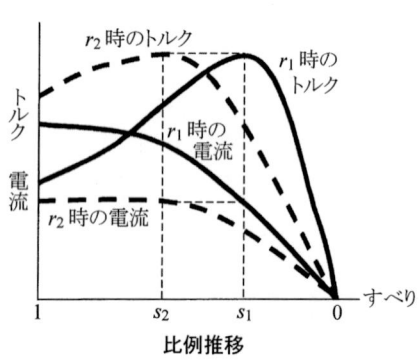

比例推移

問15　誘導電動機の損失について説明せよ。

答　＜固定損＞
- 機械損：軸受の摩擦損や冷却用ファンの風損

- 鉄損：固定子鉄心に生じるヒステリシス損やうず電流損

＜負荷損＞
- 銅損：固定子巻線や回転子巻線の抵抗に電流が流れるために生じるジュール熱による熱損失

【解説】
- ヒステリシス損：固定子鉄心に発生する磁束の方向が変化するとき，鉄心内部の磁気分子間の摩擦によって生じる熱損失のこと。
- うず電流損：固定子鉄心に発生する磁束の変化によって電圧が発生し，うず電流が流れる。そのうず電流が鉄心や巻線の抵抗に流れるために生じる熱損失。うず電流損を少なくするため，固定子はけい素鋼板を積み重ねた成層鉄心が用いられている。

問16 ギャップ（air gap）とは。また，不均一になったときの現象について説明せよ。

答 固定子と回転子の隙間のことで，回転子の軸受メタルが摩耗すると不均一になり，異常音響，振動，うなりが発生する。

問17 うなりが発生した原因について説明せよ。

答
- 回転子の軸受メタルが摩耗し，ギャップが不均一になった。
- 始動回路の接続端子の接触不良などによって，3相巻線のうち1相が不良で単相運転になった。

問18 振動が発生した原因について説明せよ。

答
- 回転子の軸受メタルが摩耗し，ギャップが不均一になった。
- ポンプ，ファンなど負荷機械と誘導電動機とのカップリングの取付けが不良であった。
- 誘導電動機の据付けボルトがゆるんだ。

問19 絶縁低下時の処置について説明せよ。

答 誘導電動機を解放して回転子を抜き出し，巻線を白熱電球などで乾燥させる。

問20 二重かご型誘導電動機はどのような構造をしているか説明せよ。

答 回転子のスロットが図のように二重になっており，外側に黄銅や銅ニッケル合金のような抵抗の高い導体を用い，内側に銅のような抵抗の低い導体を用いている。このような構造にすれば，始動時，回転子に流れる2次電流は，抵抗の高い外側の導体に流れ，したがって，比例推移現象と同じように，始動電流が小さく，始動トルクが大きくなり，滑らかに加速することができる。

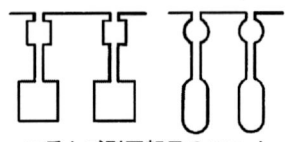

二重かご型回転子のスロット

問21 直入れ（全電圧）始動法の誘導電動機のシーケンス図を見て，正転，逆転，停止を説明せよ。

答 ＜正転＞
① MCCB（配線用しゃ断器）を投入する。
② PBS正入（正転用押しボタンスイッチ）を押す。
③ F-MC（正転用電磁接触器の電磁コイル）が励磁される。
④ F-MC-a（正転用a接点）が閉じる（自己保持回路の形成）。
⑤ F-MC-b（正転用b接点）が開く（インタロック回路の形成）。
⑥ 主回路のF-MC（正転用主接点）が閉じる。
⑦ 誘導電動機が正転する。

＜逆転＞
① MCCB（配線用しゃ断器）を投入する。
② PBS逆入（逆転用押しボタンスイッチ）を押す。
③ R-MC（逆転用電磁接触器の電磁コイル）が励磁される。

④ R-MC-a（逆転用a接点）が閉じる（自己保持回路の形成）。
⑤ R-MC-b（逆転用b接点）が開く（インタロック回路の形成）。
⑥ 主回路のR-MC（逆転用主接点）が閉じる。
⑦ 誘導電動機が逆転する。

＜停止（正転時から）＞
① PBS切（停止用押しボタンスイッチ）を押す。
② F-MC（正転用電磁接触器の電磁コイル）が無励磁になる。
③ F-MC-a（正転用a接点）が開く。
④ F-MC-b（正転用b接点）が閉じる。
⑤ 主回路のF-MC（正転用主接点）が開く。
⑥ 誘導電動機が停止する。

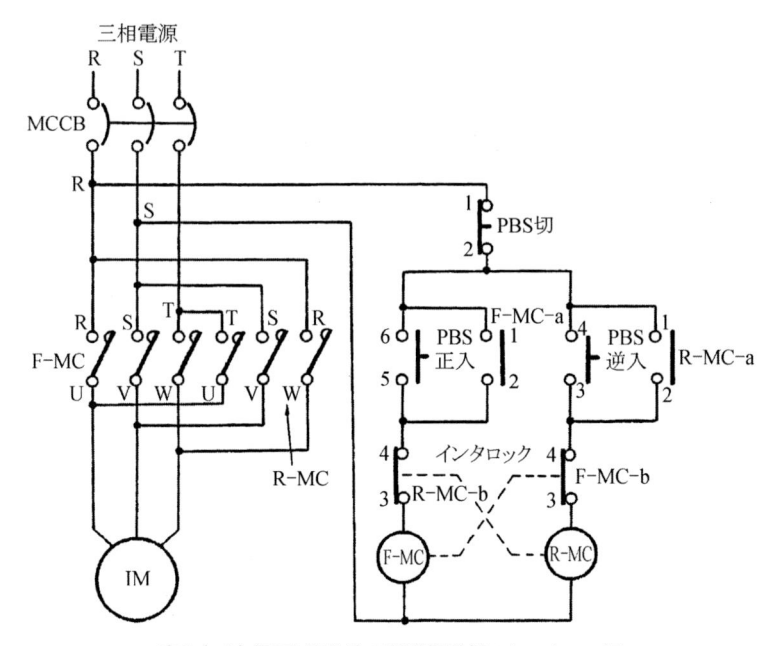

直入れ（全電圧）始動法の誘導電動機のシーケンス図

問22 スター・デルタ（Y-Δ）始動方式の誘導電動機のシーケンス図を見て，始動，停止を説明せよ。

機関-2

答 ＜始動＞

① MCCB（配線用しゃ断器）を投入する。
② PBS入（始動用押しボタンスイッチ）を押す。
③ R（始動用電磁接触器の電磁コイル）が励磁される。
④ R-a（始動用a接点）が閉じる（2つ）。
⑤ R-b（始動用b接点）が開き，GL（緑色ランプ）が消灯する。
⑥ Y-MC（スター結線用電磁接触器の電磁コイル）が励磁される。
⑦ 主回路のY-MC（スター結線用主接点）が閉じる。
⑧ 電動機がスター結線で始動する。
⑨ Y-MC-a（スター結線用a接点）が閉じ，OL（橙色ランプ）が点灯する。
⑩ TLR（限時接点のタイマー駆動部）が励磁され，設定時間が経過する。
⑪ TLR-a（限時動作a接点）が閉じる。
⑫ Δ-MC（Δ結線用電磁コイル）が励磁される。
⑬ Δ-MC-a（Δ結線用a接点）が閉じる。
⑭ TLR-b（限時動作b接点）が開く。
⑮ Δ-MC-b（Δ結線用b接点）が開く。
⑯ Y-MC（スター結線用電磁接触器の電磁コイル）が無励磁になる。

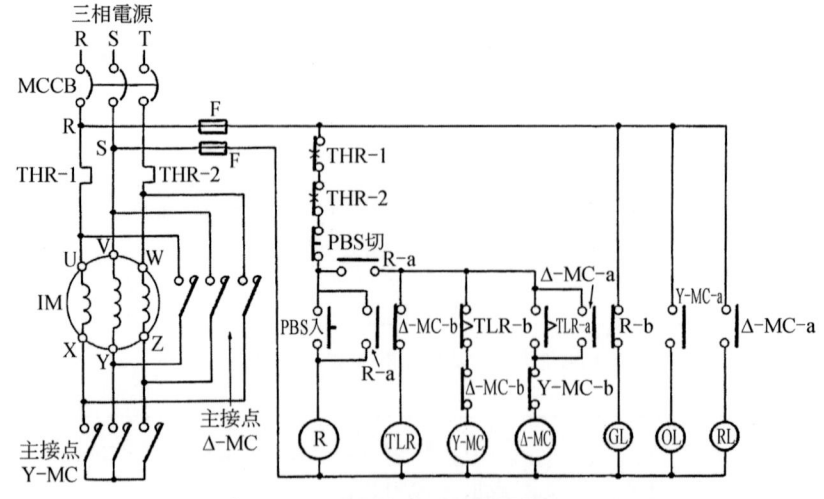

スター・デルタ（Y-Δ）始動方式の誘導電動機のシーケンス図

⑰ 主回路のY-MC（スター結線用主接点）が開き，Δ-MC（Δ結線用主接点）が閉じ，電動機がΔ結線での運転になる。
⑱ Y-MC-a（スター結線用a接点）が開き，OL（橙色ランプ）が消灯する。
⑲ Δ-MC-a（Δ結線用a接点）が閉じ，RL（赤色ランプ）が点灯する。

<停止>
① PBS切（停止用押しボタンスイッチ）を押す。
② R（始動用電磁接触器の電磁コイル）が無励磁になる。
③ R-a（始動用a接点）が開く（2つ）。
④ R-b（始動用b接点）が閉じ，GL（緑色ランプ）が点灯する。
⑤ Δ-MC（Δ結線用電磁接触器の電磁コイル）が無励磁になる。
⑥ Δ-MC-a（Δ結線用a接点）が開く。
⑦ 主回路のΔ-MC（Δ結線用主接点）が開き，電動機が停止する。
⑧ Δ-MC-a（Δ結線用a接点）が開き，RL（赤色ランプ）が消灯する。

6-6 変圧器

問1 変圧器の鉄損，銅損，効率について説明せよ。

答 <鉄損> 鉄心に生ずるヒステリシス損やうず電流損。
<銅損> 巻線の抵抗に電流が流れるために生じるジュール熱による熱損失。
<効率> 1次側の入力と2次側の出力の割合によって表される。

$$効率 = \frac{出力}{入力} \times 100 \, [\%]$$

または

$$効率 = \frac{出力}{出力 + 損失} \times 100 \, [\%]$$

変圧器の効率は，回転部分の損失がないので，同期発電機，誘導電動機などと比べて高く，94～98％である。

問2 変圧器に成層鉄心が用いられる理由を説明せよ。

答 うず電流損を少なくするため，けい素鋼板を積み重ねた成層鉄心が用いられている。

問3 単相変圧器を並列運転し，三相回路を変圧する条件を説明せよ。

答
- 各変圧器の電圧が等しい。
- 各変圧器の周波数が等しい。
- 各変圧器の容量が等しい。
- 各変圧器の極性が同じである。

6-7 電子工学

問1 P型半導体，N型半導体について説明せよ。

答 ＜P型半導体＞

　　P型半導体はシリコン（Si）やゲルマニウム（Ge）などの4価（最外殻電子を4個持つ）の真性半導体にインジウム（In）やホウ素（B）などの3価（最外殻電子を3個持つ）の物質を混入してできた半導体である。

　　P型半導体は4価の価電子を持つ物質に3価の価電子を持つ物質を混入しているので，結合の手が1つ不足し，穴が空いたような状態となる。この穴は＋（positive）の電荷を持ち，正孔という。

　　P型半導体に電圧を加えると，この正孔を埋めるようにまわりの電子が次々に移動し，電流が流れる。

　＜N型半導体＞

　　N型半導体はシリコン（Si）やゲルマニウム（Ge）などの4価（最外殻電子を4個持つ）の真性半導体にひ素（As）やアンチモン（Sb）な

どの 5 価（最外殻電子を 5 個持つ）の物質を混入してできた半導体である。

N 型半導体は 4 価の価電子を持つ物質に 5 価の価電子を持つ物質を混入しているので，電子が多い状態である。

問2 半導体の正孔について説明せよ。

答 P 型半導体において最外殻電子間の結合の手が 1 つ不足したために発生した穴のこと。正孔は＋（positive）の電荷を持ち，P 型半導体に電圧を加えると，この正孔を埋めるようにまわりの電子が次々に移動し，電流が流れる。

問3 ダイオードの記号および特性を説明せよ。

答 ＜記号＞

A　　　　　　　K
（アノード）　　（カソード）

＜特性＞

順方向電圧（アノードからカソードの方向に電圧を加える）では，シリコン（Si）ダイオードは約 0.6 V，ゲルマニウム（Ge）ダイオードは約 0.1 V から電流が流れ始める。

逆方向電圧（カソードからアノードの方向に電圧を加える）では，ツェナー電圧（シリコン（Si）ダイオードは約 100 V，ゲルマニウム（Ge）ダイオードは約 10 V）以上になると電流が急激に流れる。

問4 ツェナーダイオードの記号および特性を説明せよ。

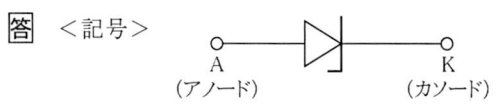

答 ＜記号＞

A　　　　　　　K
（アノード）　　（カソード）

＜特性＞

逆方向電圧を加えて使用され，電圧が低いときは電流はほとんど流れないが，ツェナー電圧以上になると電流が急激に流れる。

問5　発光ダイオードの記号および特性を説明せよ。

答　<記号>

A（アノード）　　　K（カソード）

<特性>
- 順方向電圧を加えると，PN接合面で発光する。
- 低電圧（1.5〜3 [V]），小電流（5〜150 [mA]）で作動し，応答性が良い。
- 信頼度が高く，寿命も長い。

問6　ダイオードを用いた全波整流回路と入出力波形を図示して説明せよ。

答　入力電圧が正の半周期の期間では，電流は ⓐ→D_1→負荷→D_4→ⓑ のように流れ，負の半周期の期間では，電流は ⓑ→D_3→負荷→D_2→ⓐ のように流れる。よって，電源の極性に関係なく，電流は負荷を上から下へ流れ，負荷に加わる電圧および電流は全波整流波形になる。

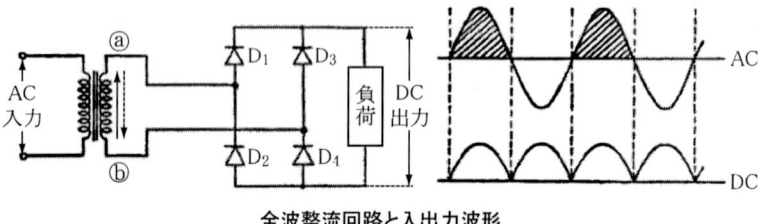

全波整流回路と入出力波形

問7　ツェナーダイオードを用いた定電圧回路を図示して説明せよ。

答
- 入力電圧 V_{in} が低く，ツェナーダイオードの両端電圧 V_o が，ツェナー電圧 V_z より低いとき，ツェナーダイオードに電流は流れず，V_o は V_{in} に等

しい（ここで，抵抗 R の大きさは小さく，抵抗 R による電圧降下は微小であるとする）。
- V_{in} が増加し，V_o が V_z になったとき，ツェナーダイオードに逆方向電流 I_z が急激に流れ，V_o は V_z に等しい。
- V_{in} をさらに増加させると，ダイオード内を流れる電流 I_z も増加するが，V_o は V_z に保たれる。

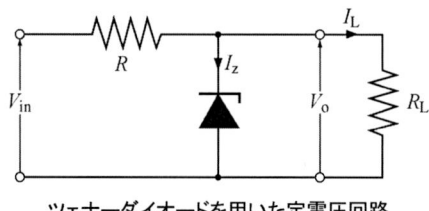

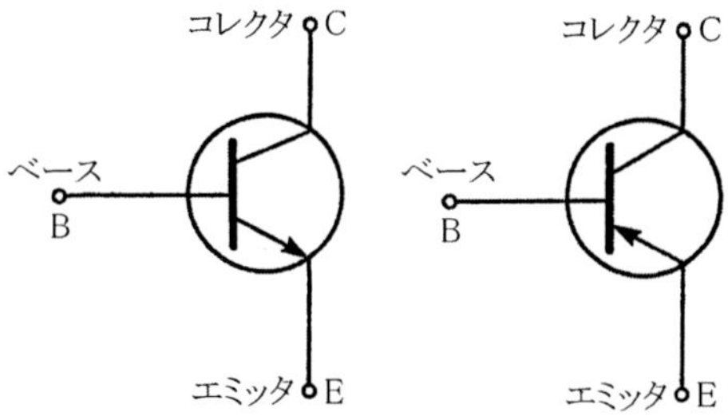

ツェナーダイオードを用いた定電圧回路

問8　NPN 型トランジスタおよび PNP 型トランジスタの記号を図示して説明せよ。

答　＜NPN 型トランジスタ＞
　　コレクタ（C）が N 型半導体，ベース（B）が P 型半導体，エミッタ（E）が N 型半導体によって構成されている。
　＜PNP 型トランジスタ＞
　　コレクタ（C）が P 型半導体，ベース（B）が N 型半導体，エミッタ（E）が P 型半導体によって構成されている。

NPN型トランジスタ　　PNP型トランジスタ

問9　トランジスタの電圧と電流についてトランジスタ回路を図示して説明せよ。

答　図において
　V_{BB}：I_B を流すための電源
　V_{CC}：I_C を流すための電源

V_{BE}：ベース(B)とエミッタ(E)間の電圧
V_{CE}：コレクタ(C)とエミッタ(E)間の電圧
I_B：ベース(B)に流れる電流（ベース電流）
I_C：コレクタ(C)に流れる電流（コレクタ電流）
I_E：エミッタ(E)に流れる電流（エミッタ電流）

NPN型トランジスタをエミッタ接地し，ベースおよびエミッタ間に電圧を加えた場合，図のように電流が流れ，各電流には次式の関係がある。

$$I_E = I_B + I_C$$

ベース電流I_Bはコレクタ電流I_Cに比べて極めて小さく，ベースに流れると，I_Bよりはるかに大きな電流I_Cがコレクタに流れる。

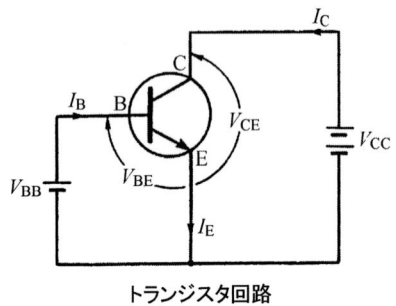

トランジスタ回路

問10 サイリスタの記号および特性を説明せよ。

答 ＜記号＞

A（アノード）　K（カソード）　G（ゲート）

＜特性＞
　ゲート(G)に電流を流すと，アノード(A)からカソード(K)に電流が流れる。ゲート(G)に流れる電流を止めても，アノード(A)からカソード(K)に電流が流れ続ける。

問11 ANDゲート，ORゲート，NOTゲートの記号および真理値表を図示せよ。

答 ＜ANDゲート＞

記号: $X_1, X_2 \to Y$ (ANDゲート記号)

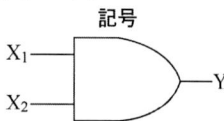

真理値表

入力(X_1)	入力(X_2)	出力(Y)
1 (ON)	1 (ON)	1 (ON)
1 (ON)	0 (OFF)	0 (OFF)
0 (OFF)	1 (ON)	0 (OFF)
0 (OFF)	0 (OFF)	0 (OFF)

＜ORゲート＞

記号: $X_1, X_2 \to Y$ (ORゲート記号)

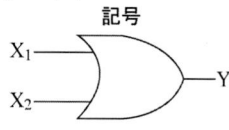

真理値表

入力(X_1)	入力(X_2)	出力(Y)
1 (ON)	1 (ON)	1 (ON)
1 (ON)	0 (OFF)	1 (ON)
0 (OFF)	1 (ON)	1 (ON)
0 (OFF)	0 (OFF)	0 (OFF)

＜NOTゲート＞

記号: $X \to Y$ (NOTゲート記号)

真理値表

入力(X)	出力(Y)
1 (ON)	0 (OFF)
0 (OFF)	1 (ON)

問12 NANDゲート，NORゲートの記号および真理値表を図示せよ。

答 ＜NANDゲート＞

記号: $X_1, X_2 \to Y$ (NANDゲート記号)

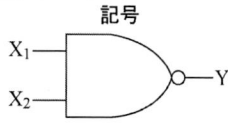

真理値表

入力(X_1)	入力(X_2)	出力(Y)
1 (ON)	1 (ON)	0 (OFF)
1 (ON)	0 (OFF)	1 (ON)
0 (OFF)	1 (ON)	1 (ON)
0 (OFF)	0 (OFF)	1 (ON)

＜NORゲート＞

記号: $X_1, X_2 \to Y$ (NORゲート記号)

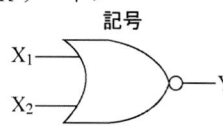

真理値表

入力(X_1)	入力(X_2)	出力(Y)
1 (ON)	1 (ON)	0 (OFF)
1 (ON)	0 (OFF)	0 (OFF)
0 (OFF)	1 (ON)	0 (OFF)
0 (OFF)	0 (OFF)	1 (ON)

7 自動制御

> **問1** フィードバック制御，シーケンス制御をそれぞれ説明せよ。

答 フィードバック制御とは，フィードバックによって制御量を目標値と比較し，それらを一致させるように操作量を生成する制御である。舶用機関プラントでは，コントローラを備えた各種温度制御，圧力制御，流量制御などがこれにあたる。

シーケンス制御とは，あらかじめ定められた順序または手続きに従って制御の各段階を逐次進めていく制御である。同様に各種ポンプの始動回路，蒸気タービン暖機シーケンスなどがシーケンス制御の例である。

> **問2** カスケード制御とは何か。舶用機関プラントではどこに使われているか。

答 フィードバック制御系において，一つの制御装置の出力信号によって他の制御系の目標値を決定する制御である。つまり制御量を主調節計で測定し，その操作信号で従調節計の設定値を動かし，従調節計の出力で操作部を操作する制御系。

舶用機関プラントでは，ボイラの自動燃焼制御装置に使用されており，蒸気圧力調節器を主調節器，燃料流量調節器および空気流量調節器を従調節器としてカスケード制御系が構成されている。

> **問3** PID調節器におけるP，PI，PID動作を説明せよ。

答 P動作とは入力に比例する大きさの出力を出す制御動作で，比例帯を大きくするとP動作は弱くなり，反対に比例帯を小さくするとP動作は強くなる。

I動作は入力の時間積分値に比例する大きさの出力を出す制御動作で，制

7　自動制御

御偏差がある限り訂正動作を続ける。P動作にI動作を付加してPI動作にすることによりオフセットを自動的に打ち消す作用がある。I動作は積分時間を短くするほど強くなり，長くするほど弱くなる。

D動作は入力の時間微分値に比例する大きさの出力信号を出す制御動作で，PI動作にD動作を加えることによって応答の立ち上がりを速めることができる。D動作は微分時間が長いほど強く，短いほど弱い。

問4　ノズルフラッパとは何か。

答　ノズルフラッパは，機械的なリンク機構によって作り出された偏差（機械的な変位信号）を空気圧信号に変換する装置である。絞りを通過した一定流量の供給空気がノズルより排出され，そのノズルとフラッパとの間隙（偏差）によってノズル背圧が変化し，そのノズル背圧はパイロット弁で増幅され，各種ダイヤフラム弁を駆動するための空気圧信号となる。

問5　空気圧式P調節器の作動を説明せよ。

答　目標値と制御量に偏差（P調節器への入力）が生じ，フラッパがノズルに近づくとノズル背圧が上昇し，その圧力はパイロット弁で増幅されダイヤフラム弁を動かす操作空気圧となる。それと同時にPベローズにも流入し，Pベローズを上方に伸ばす。その結果，Pベローズはばねに抗してリンクを押し上げ，リンクに連結されたフラッパがノズルから離れ（負のフィードバック），ノズル背圧が下降する。結局，偏差とPベローズの位置が平衡したところでフラッパは静止し，操作空気圧の大きさは偏差に比例する。

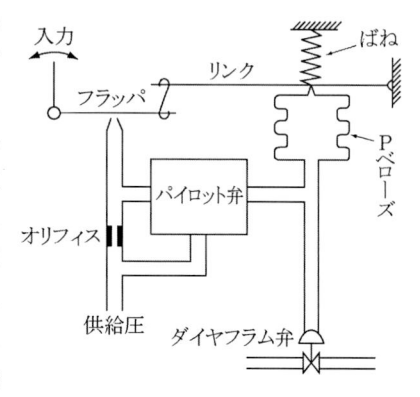

問6 バルブポジショナの目的および作動原理を説明せよ。

答 弁にかかる流体による圧力や弁軸にかかる摩擦力が大きい場合，あるいは大口径のダイヤフラム弁で空気の圧縮性により動作遅れが生じる場合，調節器からの操作信号と弁の開度とを正確に比例させるためにバルブポジショナをダイヤフラム弁に取り付ける。作動原理は，ノズルフラッパを使った比例動作のフィードバック方式とまったく同じで，ダイヤフラム弁の軸の位置をフィードバックしてフラッパを動かし，ノズル背圧を変化させ，その圧力はパイロット弁で増幅され，ダイヤフラム弁を動かす操作空気圧となっており，調節器からの操作信号にダイヤフラム弁の軸位置が正確に比例するまで訂正動作を繰り返す。

問7 定値制御，追値制御をそれぞれ説明せよ。

答 フィードバック制御を目標値の時間的性質によって分類すると，定値制御と追値制御に分類される。定値制御は目標値が時間とは無関係に一定である制御のことで，たとえば温度，圧力，流量などを一定の値に制御する場合である。追値制御は時間とともに目標値が変化する制御を表し，船舶の自動操舵などの追従制御，ボイラの空燃費一定制御などの比率制御，蒸気タービンプラントの暖機制御などのプログラム制御が追値制御の例である。

問8 電気式温度計の種類と原理を説明せよ。

答
- 熱電対：異種金属を閉回路に接続し，接続点に温度差があると回路に起電力が発生し，温度を電圧として取り出すことができる。ただし，基準接点を0℃にするための冷接点補償が必要となる。材質としては白金-白金ロジウム，クロメル-アルメル，鉄-コンスタンタン，銅-コンスタンタンなどの組合せが使用される。
- 測温抵抗体：金属，半導体などの電気抵抗が温度によって変化する現象を利用したものである。白金，ニッケル，銅などの金属は，温度が高くなると，抵抗値が上がり，半導体の一種であるサーミスタは，逆に，温

度が高くなると，抵抗値が下がる。このような抵抗値の変化をブリッジ回路により増幅し，温度を電圧として取り出している。

> **問9** 行過ぎ量を説明せよ。行過ぎ量の起こる原因およびそれを少なくする方法を説明せよ。

答 行過ぎ量とは，ステップ応答において出力が最終平衡値を超えた後，最初にとる極大値の最終平衡値からの隔たりを，最終変化量の百分率で表したものであり，制御系の応答の速さの目安となる。調節器の訂正動作を強くしすぎた場合に起こる。PID調節器ならば，一般に比例帯を小さくしすぎているか，あるいは微分時間を大きくしすぎているなどの原因が考えられる。PID調節器の比例帯，積分時間，微分時間をそれぞれ調節し，任意の行過ぎ量となるようにする。

【解説】
- むだ時間：入力に変化が発生した時刻から，それによって出力に変化が現れる時刻までの時間。
- 立上り時間：ステップ応答において，出力がその最終変化量のあるパーセントから別のパーセント（たとえば10％→90％，5％→95％など）に変化するのに要する時間。

減衰比 $= \dfrac{A_{p2}}{A_p}$

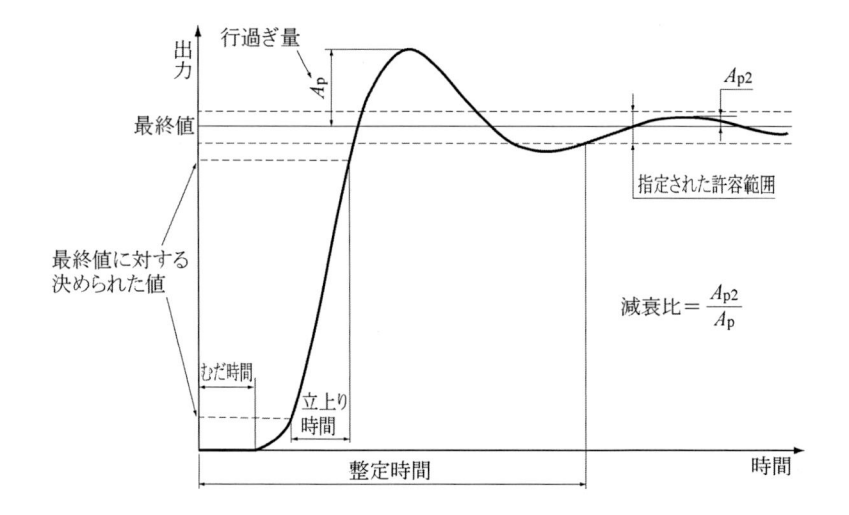

- 整定時間：ステップ応答において，出力が最終平衡値の指定された許容範囲内（たとえば±5％）に収まるまでに要する時間。
- 減衰比：行過ぎ量（A_p）と第2番目の極大値の最終平衡値からの隔たり（A_{p2}）の比。

問10 空気圧式自動調節弁において，正作動形，逆作動形および正栓，逆栓を説明せよ。またいずれの弁を使用するかは何を考慮して決めるか。

答 正作動形は，ダイヤフラムの上部に空気圧をかけて作動させる場合で，逆作動形は，ダイヤフラムの下部に空気圧をかけて作動させる場合である。ダイヤフラムにかかる空気圧が増加したとき，弁プラグが弁シートに近づくものを正栓，逆に離れるものを逆栓と呼ぶ。したがって組合せは，正作動正栓，正作動逆栓，逆作動正栓，逆作動逆栓の4種類ある。どの種類の弁を使うかは，空気圧源がなくなったとき，装置の安全上，弁閉，弁開のどちらに作動したほうが適しているのかを考慮して選択される。

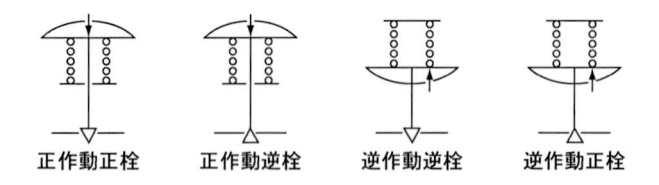

正作動正栓　　正作動逆栓　　逆作動逆栓　　逆作動正栓

機関-3

8 燃料および潤滑

8-1 燃料油

問1 FCC油とはどのような油か。また、FCC油の悪影響および除去方法について述べよ。

答 FCC油とは、シリカ、アルミナなどの触媒により重質留分を分解してガソリンなどの軽質油を製造する接触分解装置から取り出された軽油や残渣油を基材の一部とした舶用燃料油である。

以前は常圧残渣油や常圧軽油が舶用燃料油の基材として使用されていたが、これらはガソリンなど軽質油の生産原料として使用されるため、現在ではさらに低質化した分解軽油、分解残渣油が舶用燃料製造に使用される。

〈悪影響〉

FCC油は芳香族性が高いので着火性・燃焼性が非常に悪く、最高燃焼圧力の過高や燃焼が長引くため、ピストン冠部やピストンリングランドの焼損の危険が多くなるとともに、スラッジを発生しやすい。

また、触媒は回収装置で回収されるが、分解軽油や分解残渣油に紛れ込んでくることがあり、燃料ポンプや燃料弁、シリンダライナ、ピストンリングなどの異常摩耗の発生原因となる。

〈除去方法〉

スラッジ分や触媒の大部分はデカンタや清浄機、ファインフィルタで除去されると報告されるが、触媒の混入が認められた場合は運転可能な清浄機の並列使用や、油処理量を定格の1/4程度まで絞って清浄効果をあげることが必要である。

問2 燃料油の不純物の種類、およびその影響について述べよ。

答 重油中の不純物には，残留炭素分，水分，灰分，硫黄分があり，機関に次のような影響を与える。

残留炭素分が多いと噴射不良となり，不完全燃焼を起こして発生馬力が低下する。その結果，燃料消費量が増加し，燃焼室や排気系統が汚れ，ピストンリングおよびバルブの融着や固着，シリンダライナやピストンリングの摩耗が増加する。

水分が多いと燃焼が不安定となり，ミスファイアの原因となる。また，燃焼に際して気化潜熱を奪うので燃焼温度が低下し，熱効率を低下させる。海水が混入した場合は，海水中の塩化ナトリウムが燃焼生成物の硫酸と反応して塩酸が生成され，これがライナ壁に付着して腐食摩耗量が増大する。

灰分の主成分は泥分，塵埃，マグネシウム，カルシウム，バナジウム，ナトリウム，銅，マンガン，FCC触媒のシリカやアルミナなどで，摺動部の擦過摩耗を起こしたり，ナトリウムやバナジウムなどの化合物は灰融着して腐食摩耗量を増大させる。とくに硫酸ナトリウム，五酸化バナジウムが共存すると腐食温度範囲が拡大し，いわゆる高温腐食を起こす。

硫黄分が多い油ほど，一般に密度，粘度，残留炭素分，灰分，各種不純物が増加して油の性状が悪くなり，燃焼時に硬質カーボンの生成が多く，シリンダライナなどの摩耗が増大する。また，硫黄は酸化したのち水と化学反応して硫酸を生成し，低出力時のシリンダ内および過給機ケーシングや排気系統内で融着し，いわゆる低温腐食を起こす。

問3 重質燃料油を使用したときのバナジウムアタックとはどのような現象か。

答 バナジウムは燃料油の主成分である炭化水素と化学的に結合しており，船内での前処理では除去できず，燃料と共にシリンダ内で燃焼して種々のバナジウム化合物を生成するが，量的に最も多いのは五酸化バナジウム（V_2O_5）である。これらのバナジウムが溶融状態で金属表面に付着すると，低融点の化合物または共融体をつくり，皮膜の酸化を繰り返し摩耗を進行させる。主として排気弁の傘部やシート部に多く発生するこの現象をバナジウムアタックという。

問4 A重油を使用中にC重油に切り替えた場合，ノッチが同じならば回転数はどのように変化するか。

答 発熱量は一定量の燃料油を完全燃焼させたときに発生する熱エネルギのことで，重量当たりの発熱量で表すと密度の小さい油の方が大きい油より発熱量は大きいが，容積当たりで表すと密度の大きい油の方が発熱量は大きくなる。

　したがって，ノッチが同じならば燃料ポンプで噴射される容積が同じであるので，密度の大きいC重油の方が発熱量が大きくなる。また，燃料ポンプのプランジャとバレルのクリアランスはC重油を基準に調整されているが，油を切り替える時には同じ温度にするのでA重油の粘度は小さくなり，同部からの漏油量は多くなる。以上より，A重油からC重油に切り替えると一回の噴射量が多くなり，発熱量も大きいので，回転数は増加することがある。

問5 燃料油のアスファルテンについて述べよ。

答 アスファルテンとは油中に含まれる高粘稠物質（芳香族系炭化水素の高分子化合物）でノルマルヘプタンには溶けないが，トルエンには溶ける物質といわれている。アスファルテンはミセルを形成していると考えられ，アスファルテンが核になって，その外側をそれより少しマルテン（油状媒体）に近い高分子量の炭化水素が取り巻いている。またその外側はそれよりももう少しマルテンに近い炭化水素が取り巻き，そして段々とマルテンに近くなり，その最も外側はマルテンとほとんど等しい炭化水素となって平衡状態を保ち，油中にコロイド状に分散している。しかし，加熱したり異種の油が混入すると平衡状態が破壊されて凝集し，油中の夾雑物を付着させてスラッジとなる。アスファルテンを多く含む重油はC/H比が大きく，燃焼性が悪い。なお，ミセルとは，$0.1 \sim 0.001 \mu m$程度の微粒子（コロイド粒子）をいう。

　油中のアスファルテンはディーゼル機関の燃料ポンプ，ノズル，チップに付着して焼付や閉鎖現象を起こし，燃料の霧化作用を阻害して不完全燃焼を生じ，機関の種々の障害の原因となる。

8 燃料および潤滑

問6 C重油中の硫黄分の含有量はどのくらいか。

答 JIS規格ではC重油1号の硫黄分は3.5wt％以下，2号，3号は規定されていない。ISO規格の船用燃料油として供給されるC重油はRMG35，RMH35が大勢を占め，その硫黄分は5.0％(m/m)である。市販されているC重油の硫黄分の含有量は地域によって差があるが，日本を含めて東南アジアは比較的多くて3.6wt％，欧州で3.2wt％，北米東岸で1.6wt％，北米南岸で1.6wt％，世界平均で2.8wt％くらいである。

問7 粘度-温度線図の使用法について述べよ。

答 油類の粘度と温度との関係は，一般にWaltherの実験式で表される状態を保ちながら連続的に変化する。この線図は重油の加熱温度を決定する場合などに用いられる。縦軸に粘度目盛り，横軸に温度目盛りが付されており，線図中に市販の代表的なA，B，C重油の基準線が描かれている。

　この線図の使用方法は，たとえば粘度が380cSt(50℃)，要求される粘度が13cStならば，粘度線上の380cStの点から水平線を引き，温度線上の50℃の点から垂線を引き，2線の交点を通りC重油基準線に平行な直線Lを引く。次に粘度線上の13cStの点から水平線を引き，L線との交点から垂線を引いて温度線との交点を求める。これが要求される粘度に対する温度(約137℃)である。このように主機燃料入口温度(大型ディーゼル機関に対しては12〜14cStがエンジンメーカの推奨値)を求めるだけでなく，粘度によるポンピング可能温度を知ることができる。

問8 燃料油の添加剤について述べよ。

答 ガソリンや灯油，軽油などの軽質油には腐食防止剤，オクタン価向上剤，流動点降下剤などの添加剤が使用されているが，燃料油として使用される重油の添加剤には次のような種類がある。
　ⓐ　燃焼促進剤と腐食防止剤

金属塩の燃焼触媒作用については，種々の試験によって実証されている。Ba，Cu，Fe，Coの塩が燃焼促進剤として用いられる。また，亜硫酸ガスの無水硫酸への転化阻止，硫酸の発生防止，酸化バナジウムの融点上昇による高温腐食の防止効果がある添加剤MgO，CaOなどが腐食防止剤として使用される。

ⓑ スラッジ分散剤

分解油は不飽和分が多く含まれているため安定性が悪く，加熱や混合によってアスファルテンが凝集してスラッジを生成する。このスラッジや遊離炭素を分散させるために，添加剤として高分子化合物や各種界面活性剤が使用される。船舶用重油に常用されている。

ⓒ 油水分離剤

添加剤として界面活性剤を使用し，水と油の界面に有効に作用することにより界面の張力を低下させ，界面膜に破壊を生じさせて水をはじき出す。エマルジョンの破壊とその生成を防止するために，エマルジョンブレーカとも呼ばれる。

ⓓ 防カビ剤

微生物により生成されたスラッジはアスファルテン性のスラッジと異なり，海苔状の大きな塊となって燃料油と共に移動するので，瞬間的にストレーナを閉塞する。A重油のサービスタンク内で急速に発育しスラッジを生成することが経験される。このため，添加剤として特殊な有機化合物を用い，カビの発育を抑制してスラッジの減少を図る。また，防カビ効果を上げるためには，重油の性状に応じて添加割合を変えることや，重油と添加剤とを十分に攪拌することが重要である。

問9 重油中の元素と，燃焼による化学変化を説明せよ。

答 重油中に含まれる元素は，炭素，水素，硫黄，酸素，窒素，各種金属などである。これらのうち，油の発熱量に使用される可燃元素は炭素，水素，硫黄であり，完全燃焼したとすれば次のように表される。

$$C + O_2 = CO_2 + 燃焼発生熱量$$
$$H_2 + 1/2\, O_2 = H_2O + 燃焼発生熱量$$

$S + O_2 = SO_2 +$ 燃焼発生熱量

SO_2 および金属元素のうち,バナジウムやナトリウムなどは次のように化学変化して機関を腐食摩耗させる有害物質をつくる。

$SO_2 + 1/2\ O_2 = SO_3$

$SO_3 + H_2O = H_2SO_4$ (硫酸)

$2V + 5/2\ O_2 = V_2O_5$ (五酸化バナジウム)

$2Na + SO_4 = Na_2SO_4$ (硫酸ソーダ)

問10 燃料油の高発熱量,低発熱量の定義を述べよ。

答 発熱量は高発熱量 H_h と低発熱量 H_l という表し方がある。高発熱量とは熱量計で計測された値で,燃料1kgを完全燃焼させ,その燃焼ガスを常温まで冷却したときに発生する全熱量 MJ (kcal) をいい,総発熱量ともいわれる。低発熱量とは,高発熱量から燃料が燃焼して生じた水蒸気の蒸発熱を減じたもので,真発熱量ともいわれる。

$H_h = 33.9C + 143.2(H - O/8) + 10.5S$

$H_l = H_h - 2.445(9H + W)$

ここで,低発熱量 H_l,高発熱量 H_h の単位は MJ/kg で示し,また C, H, O, S, W は燃料1kg中の炭素,水素,酸素,硫黄および水分の質量 (kg) を示す。

問11 粘度の表示法について述べよ。

答 動粘度が一般的に使用される。他にレッドウッド秒やセイボルト・ユニバーサル秒などの粘度表示があるが,動粘度に換算して使用されることが多い。

- **絶対粘度**

粘性流体の層流において,流れに直角方向に dy だけ離れた2点の速度差を dv,流れに平行な平面に生じる剪断応力を τ とすると,τ は dv に比例して dy に反比例する(ニュートンの法則)。τ と dv/dy の比例定数は流体の"ねばっこさ"の程度を表し,この比例定数を絶対粘度 η とする。

$$\tau \propto \frac{dv}{dy}, \quad \eta = \tau \frac{dy}{dv}$$

- 動粘度

　　絶対粘度を密度で除した値である。ガラス製毛管式粘度計を用いて測定される。毛管内を一定量の試料油が通過するのに要する時間から求める。SI単位は m²/s（平方メートル毎秒）であるが，一般には cSt が用いられる。1cSt=10^{-6}m²/s＝1mm²/s，JISでは基準温度を50℃に規定している（ISOは100℃）。

- レッドウッド No.1（RW No.1）

　　古くから欧米，日本で使用されていた。現在でも燃料・潤滑油の表示に使用されることもある。

- セイボルト・ユニバーサル（SUS）

　　主として欧米で使用され，以前は日本でも潤滑油に使用された。

- エングラー（Engler degree，E°）

　　主として欧州で使用された。

問12　燃料油の混合安定性を表すキシレン当量およびアニリン点について説明せよ。

答　混合安定性とは，重油の製造工程で残渣油に軽質油留分などを調合する場合や，2種類以上の重油を混合する場合に発生するスラッジの程度をいう。船舶燃料の場合は，燃料タンク容量の事情や補油港によって性状の異なる重油が混合されることが多いことや，船内でA重油とC重油のブレンドなども行われるので，重油の混合安定性に対する配慮が必要になる。

　　重油の安定性の良否を表すには通常キシレン当量（XE）を用い，0～100の数値で表す。その測定方法は，標準試料としてキシレン当量100にキシレン C_8H_{10}，同当量0にノルマルヘプタン C_7H_{16} を用い，両油を5容積％ずつ変えて混合液を作っておく。試験管に重油試料を12ml採り，重油試料中のアスファルテンやスラッジ分をよく清浄分散すると考えられる混合液（キシレンとノルマルヘプタン）を重油試料量の5倍量加えて十分に攪拌したのち20分間放置し，重油混合液の一滴をろ紙上に滴下し，約10分後に観察する。この結果，ろ紙上のスポットに黒色の環を生じたならば，順次キシレン

を5％ずつ増した混合液を用いて同じ操作を繰り返し，黒色環が生じなくなった混合液中のキシレンの最低容積の数値を重油試料のキシレン当量とする。重油のキシレン当量による混合安定性の基準は表の通りで，直留重油は0〜55程度で比較的安定であるが，分解重油は55〜100程度で不安定となり，スラッジ分を発生しやすい。

アニリン点とは，等容積の試料油とアニリン C_6H_7N との混合液を加熱して完全に混和する最低温度をいう。

Butlinは重油の製造工程で残渣油のキシレン当量と，軽質油留分などとしての軽油のアニリン点との間には，図に示す関係があるとした。すなわち，ブレンドによるス

XEの判定基準

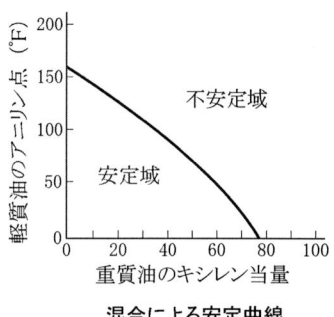

キシレン当量	安定性
0〜10	非常に安定
11〜30	安定
31〜55	まず安定
56〜99	不安定
100以上	非常に不安定

混合による安定曲線

ラッジ分の生成を防止する安定帯の領域に収めるには，残渣油のキシレン当量が小さく安定な場合はブレンドする軽油のアニリン点は高くてもよいが，残渣油のキシレン当量が大で不安定な場合は，軽油のアニリン点は低いことが望まれる。

ブレンド油をつくる場合には，直留油同士の混合はスラッジ発生には問題を起こすことが少ないが，FCC重油などの分解軽油の混合は，キシレン当量の異常上昇と多量のスラッジ分発生を伴うので，この種のブレンドは避けるべきである。

問13 重油のISO規格で船用燃料油（MFO：C重油）にはどのようなものが供給されているか。

答 船用燃料油に供給されるC重油はRMG35，RMH35が大勢を占める。RMG35のRはResidual Oil（蒸留残油），MはMarine fuel（船用燃料油），3番目の文字は燃料の性状を示し，A〜Lに細分され，Aから順に低質化する。最後の数字の35は100℃における動粘度が35cStであることを意味する。

動粘度 50℃では 380 cSt に相当する。

重油の ISO 規格（蒸留残油）

項目 \ 名称		RMA 10	RMB 10	RMC 10	RMD 15	RME 25	RMF 25	RMG 35	RMH 35	RMK 35	RML 35	RMH 45	RMK 45	RML 45	RMH 55	RML 55
密度(15℃), kg/m³ [注1]	max.	975.0	991.0	991.0	991.0	991.0		991.0		—		991.0		—	991.0	
動粘度(100℃), cSt [注2]	max.		10.0		15.0	25.0			35.0				45.0		55.0	
引火点, ℃	min.		60		60	60			60				60		60	
流動点, ℃ [注3] 冬	max.	0	24		30	30			30				30		30	
夏	max.	6	24		30	30			30				30		30	
残留炭素分, wt%	max.		10	14	14	15	20	18	22	—		22	—		22	
灰分, %(m/m)	max.		0.10		0.10	0.10	0.15	0.15	0.20			0.20			0.20	
水分, %(v/v)	max.		0.50		0.80	1.0			1.0				1.0		1.0	
硫黄分, %(m/m)	max.		3.5		4.0	5.0			5.0				5.0		5.0	
バナジウム, mg/kg	max.		150	300	350	200	500	300	600			600			600	

注1) kg/l で表示した密度(15℃)をここに示した数値と比較するときは1000倍すること
  2) 1cSt(センチストークス)＝1mm²/s
  3) とくに北半球および南半球両方にまたがって航行する場合はよく確認すること

8-2　潤滑油

問1　LO の種類について説明せよ。

答　JIS 規格では潤滑油を用途によって分類し，さらに粘度によって号別している。粘度表示は ISO の規格（40℃，100℃）に統一され，ISO 粘度グレード（ISO VG），すなわち上記温度における動粘度 cSt（mm²/s）で表す。ただし，内燃機関用潤滑油に関しては ISO VG ではなく，SAE（Society of Automotive Engineers：米国の技術者団体）規格による SAE 番号で表す。

・内燃機関用潤滑油（JIS K2215）

　　この規格は陸用および舶用内燃機関に使用する潤滑油について規定され，陸用は1種から3種，舶用は1種から4種に分類される。舶用内燃機関用潤滑油の種類と使用区分は1種および2種がシステム油であり，3種はシリンダ油およびシステム油として共用される。クロスヘッド機関のシステム油には従来は2種が最も多く使用されていたが，高出力機関の出現により最近は全塩基価が 5～12 mgKOH/g の3種の使用が多い。トランク

形機関ではほとんど3種が使用される。4種は大形低速ディーゼル機関のシリンダ部分の潤滑油として用いられ,全塩基価 70 mgKOH/g の高アルカリ性シリンダ油が多く使用される。
- 冷凍機油(JIS K2211)
 開放形冷凍機用の1種と,密閉および半密閉形の2種に分類されている。
- タービン油(JIS K2213)
 無添加タービン油(1種)と添加タービン油(2種)に分類されている。
- マシン油,軸受油(JIS K2238, K2239)
 工業用潤滑油のうち,添加剤入りのものを軸受油,無添加のものをマシン油としている。従来,各種機械の軸受用潤滑油として無添加マシン油類が多く使用されてきたが,機械の進歩とともにこれに使う潤滑油の品質も向上させる必要があり,多目的用潤滑油や高級潤滑油として精製度を高めた基油に各種の添加剤を配合したものが使われている。軸受油は主として循環式,油浴式,はねかけ式給油方式による各種機械の軸受部の潤滑油として使用される。
- ギヤ油(JIS K2219)
 各種歯車の潤滑に用いられ,極めて過酷な条件で使用される潤滑油である。JIS 規格では1種から3種に分類されている。
- グリース(JIS K2220)
 一般グリース1種,2種,およびころがり軸受用グリース1種から3種に分類されている。

問2 HD 油の取扱い上の注意事項について述べよ。

答 問1の内燃機関用潤滑油の1種はストレート(S)油,2種はプレミアム(PM)油,3種はヘビーデューティ(HD)油,4種はスーパヘビーデューティ(SHD)油と呼称される。
- HD 油には酸化防止剤,清浄分散剤,極圧剤,防錆剤などが添加されており,水と良く混合して容易にエマルジョンを作り,一度エマルジョン化すると分離が困難であるので,水が混入しないように気をつけなければならない。

- 潤滑油を清浄するとき，注水清浄すると潤滑油中の添加剤が流出するので，注水清浄をしてはならない。
- 劣化生成物やスラッジが油中に分散されているので，連続側流清浄などによって清浄を怠らない。
- 適当な間隔で運転中に一定の箇所からサンプルを採集し，メーカーに性状検査を依頼して劣化の度合いをチェックし，船内に測定器があれば定期的に全塩基価を測定して適正値を保持するように管理する。

問3 潤滑油の添加剤の種類を述べよ。

答 潤滑油の精製工程だけでは，広い使用分野においてしだいに高性能化していく機械の要求を満足させる潤滑油を製造することは不可能になってきたので，この要求される特性に応じて開発されたのが添加剤である。

潤滑油添加剤を潤滑油に添加することにより，すでに持っている潤滑油の性状を強化し，さらに新しい性質を与えて，その性能を向上させる。また使用中の劣化速度を減少させるものである。

潤滑油の添加剤として次のようなものが使われている。

- 酸化防止剤
- 油性向上剤
- 流動点降下剤
- 清浄分散剤
- 極圧添加剤
- さび止め剤
- 腐食防止剤
- 粘度指数向上剤
- 消泡剤

問4 清浄分散剤の作用を説明せよ。

答 清浄分散性は潤滑油に求められる最も重要な機能の一つであるが，基油それ自身では持っていない性質のため，添加剤によって付与されるものである。清浄分散性とは潤滑油自身の劣化生成物，塵埃，摩耗粉，カーボンなどを油中に細かく分散あるいは可溶化させ，これらが凝集して機器の各部にスラッジやワニスとして付着するのを防止する作用である。この清浄分散性を付与するために添加されるのが清浄分散剤で，この種の添加剤の働きとしては分散作用のほかに，可溶化作用および酸中和作用の役割を担っている。

8　燃料および潤滑

　清浄分散剤の分子構造は非極性部分と極性部分とから成り立っており，通常油中では親油基を油側に向け，極性基同士が集合したミセルを形成している。いま清浄分散剤を含む油中に油不溶物質が混入した場合，清浄分散剤の極性基が不溶物質表面に物理的または化学的に吸着して，ミセル中に不溶物質を取り囲んで分散させる。そしてミセル同士の静電反発力または吸着した清浄分散分子のひだによる立体障害のために，ミセル同士が凝集してスラッジ化するのが防止される。これが清浄分散剤の分散作用である。

　さらに，スラッジやワニスになる前の中間体を可溶化して，スラッジやワニス化するのを防止する可溶化作用をも合わせ持っている。

　酸中和作用は清浄性とは直接関係ないが，清浄分散剤のいくつかは強力な酸中和作用を有し，燃焼によって生じた硫酸や油の劣化による有機酸を中和することによって，腐食性や油を劣化させる作用を防止する酸中和作用をも合わせ持っている。

問5　潤滑（摩擦）特性曲線（$\mu - \lambda n/p$）を図示し，説明せよ。

答　軸と軸受との中心が完全に一致し，軸端においてまったく油の漏出がなく，軸および軸受表面が十分に滑らかな場合において，流体潤滑状態にある滑り軸受の摩擦係数は

$$\mu = K \cdot \lambda n/p$$

で表される。

　　　　μ：滑り軸受の摩擦係数
　　　　K：軸受の大きさなどによる定数
　　　　λ：潤滑油の粘度
　　　　n：軸の毎分回転数
　　　　p：軸の単位面積にかかる荷重

　油膜の厚さが一定な軸受においては，摩擦係数は軸にかかる荷重に反比例し，油の粘度および軸の回転数に比例するが，実際には軸と軸受の中心はずれており，上述のような理想的状態ではないので，適当な補正を加えなければそのまま適合し難い。すなわち，実験および理論的に上式（滑り軸受の摩擦係数と軸受特性値との関係）は図のようになる。

図において曲線 ABC を軸受の摩擦特性曲線という。実際の軸受では $\lambda n/p$ の値がある限度値以下になれば，摩擦は急に増加し，ついには焼付きを生じて危険な状態となる。

　$\lambda n/p$ の値が小さい場合には理論的には O-B 線上で表されるが，実際には A-B 線上で表され，油膜は極めて薄くなり，軸受は境界潤滑状態になる。この状態では摩擦現象は軸受面積の滑性と潤滑油の極圧性能に左右される。

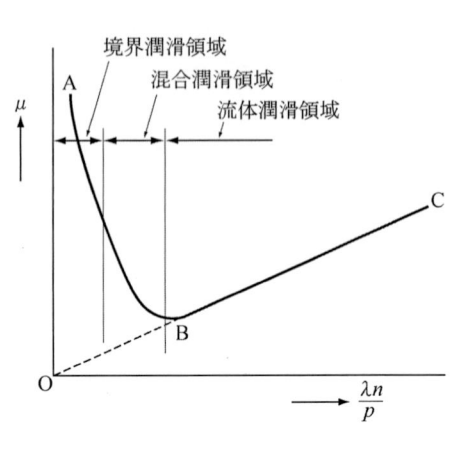

　B-C 間では液体油膜が生成し，μ と $\lambda n/p$ の関係は理論的には直線となる。この状態では，摩擦はほとんど油の粘度に関係する。液体潤滑の領域では運転条件が変わった場合，たとえば回転数 n が何らかの原因で大になったときは，$\lambda n/p$ が大きくなり，一時的に摩擦係数は大になるが，摩擦の増大は摩擦熱の増加となり潤滑油の温度を上げるので，粘度は下がり $\lambda n/p$ は小になり，摩擦係数は元の値に戻ろうとする。この領域では軸受の運転条件の変化に対して自己制御の性質があるので，運転は安全である。

　A-B の境界潤滑領域では，n が小になると $\lambda n/p$ は小となり，摩擦係数が増加すると摩擦熱のために粘度はさらに低下するので，$\lambda n/p$ はますます小となる。境界潤滑領域では，運転条件が変化して $\lambda n/p$ が小になれば摩擦は急激に増大して，軸受は焼付きの危険に陥る。

　潤滑の目的はできる限り軸受を安全領域（流体潤滑領域）で作動させることにあり，したがって $\lambda n/p$ の値が適正になるように考慮する必要がある。

問6 n-ペンタン不溶分，トルエン不溶分とはどのようなものか。また，これらの差がどれくらいになったら潤滑油を交換するか。

答 n-ペンタン不溶分とは潤滑油中の n-ペンタンに溶解しない物質をいう。n-ペンタン不溶分としては次のようなものがあげられる。

- 油および添加剤の劣化により生成された物質（油の劣化物）
- 塵埃，繊維質，燃焼生成物および金属摩耗粉など，外的要因により混入した油に溶けない物質

トルエン不溶分とはn-ペンタンに不溶な物質のうちで，さらにトルエンにも溶けないものをいう。トルエン不溶分としては次のようなものがあげられる。

- 塵埃，繊維質
- カーボン，高分子化合物
- 金属摩耗粉

比較的溶解力の小さいn-ペンタン不溶分と溶解力の大きいトルエン不溶分との差は潤滑油自体の劣化を意味する。したがってこの2つの不溶分の差の値が0.5wt％を超えると潤滑油を交換する。

問7 全塩基価は何を示すものか。また，何の目安になるか。（酸の中和能力以外の何があるか）

答 全塩基価（TBN）とは，エンジン油中の塩基性成分の含有量を示すもので，油1g中の全アルカリ性成分を中和するのに必要な酸と当量の水酸化カリウム（KOH）のmg数で表し，単位はmgKOH/gである。測定方法としては塩酸法および過塩素酸法があり，塩酸法は過塩素酸法に比べてTBNを過小評価する傾向にある。

潤滑油の働きには①潤滑作用，②酸中和作用，③分散作用，④可溶化作用がある。このうち，②，③，④を行う添加剤を清浄分散剤と呼び，非常に重要な役割を担っている。TBNは，この清浄分散剤の働きの指標として重要な管理項目となる。

問8 LOの酸化の原因について説明せよ。

答 潤滑油の酸化に関係する因子としては以下のものがある。
- 酸素

潤滑油の酸化は主として油中に溶け込んだ酸素と炭化水素との反応により進行する。酸化速度は油と酸素との接触の程度により支配され，潤滑油を空気中に静置するより，かき混ぜるか，空気吹込みを行えば，著しく促進される。

- 温度

　一般に100℃以下では酸化速度は非常に遅く，逆に200℃以上では著しく速くなる。潤滑油の酸化速度に対しては温度の影響が最も大きく，一般に無触媒で，酸化防止剤を加えない条件下では，温度10℃の上昇で反応速度は約2倍ほどになる。

- 触媒

　金属：金属は潤滑油の酸化に対して著しい触媒作用を及ぼすが，とくに実際の機器の潤滑部分に広く使用される銅，鉄および鉛などの活性金属による影響が大きい。

　水分：潤滑油中に水分が混入すると酸化は促進される。とくに金属触媒のもとでは水分の存在が油の酸化に及ぼす作用は著しい。水分は潤滑油の冷却系統より漏れて入ることが主であるが，そのほか潤滑油の劣化生成物として，あるいは燃焼生成物としての水分が潤滑油中に混入することがある。潤滑油が高温になれば微量の水分は蒸発により消失するが，一般には滞留して油を乳化し，酸化を促進する結果となる。

　旧油の混入：使用油を交換する場合に循環系統内に旧油を残したまま新油と交換したり，旧油と新油を混合して使用したりすると，劣化した旧油中に含まれる劣化生成物が触媒となって新油の酸化を促進する。

　その他：塵埃，燃焼生成物などの混入は酸化を促進する。

問9 タービン油の具備すべき条件を述べよ。

答 タービン油として次のような性質が要求されている。
- 適正な粘度を有し，摩擦損失が少ない
- 抗乳化性が大である
- 酸化安定性に優れている
- 消泡性が大である

- さび止め性能が良い
- 難燃性である

問10　シリンダ油の具備すべき条件を述べよ。

答　シリンダ油として次のような性質が要求されている。
- 摩擦面に適正な潤滑油膜を生成して摩擦，摩耗を減少し，高温においても燃焼ガスの密封性が大なること
- 燃焼生成物によるシリンダの汚損，リングの膠着などを防止する高度な清浄性を有すること
- 酸化されにくく，酸化安定性に優れていること
- 炭化傾向が少なく，燃焼生成物の少ないこと
- ライナの腐食を防止する性質を有すること

問11　潤滑油が劣化すると粘度および引火点はどうなるか。

答　機関に使用されている潤滑油は使用時間と共に劣化し，各固形物あるいは重縮合物質が増加して，粘度増加および引火点が上昇する。
　内燃機関においては，使用燃料油が混入すれば引火点が低下し粘度も変化するが，使用燃料油の粘度が低ければ潤滑油の粘度は低下し，燃料油の粘度が高ければ潤滑油の粘度は高くなる。

問12　潤滑油の粘度指数および油性について説明せよ。

答　粘度指数とは，潤滑油の粘度が温度によって変化する多少を数値的に表したもので，一般に0～100の数値で表されるが，潤滑油の中には0以下のものおよび100以上のものも存在する。
　パラフィン分に富み温度変化による粘度変化の小さいペンシルベニア産潤滑油（パラフィン基油）の粘度指数を100とし，ガルフコースト産潤滑油（ナフテン基油）は逆に粘度変化が大きいので，これの粘度指数を0とし，その

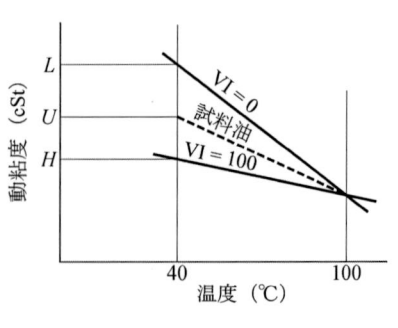

他の潤滑油はこれら両数値の間（0〜100）に存在するものと考える。ペンシルベニア系油（VI＝100），ガルフコースト系油（VI＝0）の潤滑油を標準として，他の油の粘度指数をこれとの比較から計算するものである。すなわち，試料油の100℃と40℃の動粘度を測定し，この試料と100℃の粘度が等しい粘度指数0の油および粘度指数100の油の40℃における粘度を粘度指数算出表（JIS K2283）より求め，それぞれ L, H とし，実際に測定された試料油の40℃の粘度を U とすれば，0〜100の範囲の粘度指数（VI）は次式で算出される。

$$VI（粘度指数）= \frac{L-U}{L-H} \times 100$$

油性とは，潤滑油の粘度の面からでは説明することのできない減摩作用をいい，油分子の金属面に対する吸着性，親和性の強さが油性の良否を左右する。油性は潤滑状態が境界潤滑（最小油膜厚さが $10^{-4} \sim 10^{-5}$ mm 程度）にあるときの静止摩擦係数を用いて次式で表される。

$$油性＝100－（静止摩擦係数\times 100）$$

油性は100に近づけば近づくほど，静止摩擦係数が小さいことを意味し，普通の潤滑油では84〜88程度の値を示す。

問13　潤滑油の分析および管理について説明せよ。

答　＜分析の目的＞
- 使用中の潤滑油が引き続き使用可能か否かを判定する
- 潤滑油の交換時期を決定する
- 使用中の潤滑油が異常に変化した場合にその原因を究明する
- 使用機械に起こった事故の原因をつきとめる

＜試料採集上の注意＞
- 試料採集間隔があまり長期にわたらないよう適当な間隔で運転中に一

定の個所から定期的に行う
- 試料の容器は清浄なものを利用し，試料採集時には外部から異物が混入しないように注意する
- 試料明細必要記入事項

　　船主，船名，機関メーカー名，型式，定格出力/回転数，試料の銘柄，採集年月日，採集箇所，総使用時間，補給量，清浄方法，その他特記事項

＜使用油の分析項目と使用限度＞

　引火点：約170℃，粘度：±25％程度，全酸価：4mmKOH/g程度，強酸価：検出されたらできるだけ早く取り替える，全塩基価：2mmKOH/g（トランク型機関，はねかけ給油方式の場合，8mmKOH/gくらいを推奨しているメーカーもある），不溶解分：Nペンタン不溶分とトルエン不溶分の差が0.5wt％

＜管理＞

　潤滑油の管理は油の劣化により潤滑油の目的が達成できなくなるのを防ぐことにある。潤滑油は異物質の混入で汚染され，酸化，分解，重合などの化学変化を受け，また添加剤を消耗して，性状が悪くなって劣化する。なお，性状とは，潤滑，減摩，清浄作用のことである。
- 劣化防止，性状維持のために使用圧力，温度を適当に保ち，異物質の混入に注意し，清浄機にかけて水分や固形分，スラッジ分を除去する。清浄機の使用では調整板の選定，加熱温度に注意し，通油量は公称容量の1/3〜1/4に絞る。
- ドレンタンクやサンプタンクの油量を適当に保つ必要があるが，新油を補給するとき一度に多量の補給を避ける（多量の新油を補給すると，油中の添加剤の濃度が不均一になったり，適正でなくなる恐れがある）。
- 分析結果をよくチェックし，性状の変化をグラフ化などにより常時把握して，新油の補給量，交換時期を決める。

問14　潤滑油の使用限度の判定基準について述べよ。

答　潤滑油を使用しているとしだいに劣化し，劣化がある限度以上に進むと新

油と交換する必要が生じてくる。しかし使用油の劣化の傾向は機関の種類，稼動条件，整備状況，原油の性状と精製の度合い，使用燃料油の種類，補給状況，添加剤の種類と添加量，清浄方法などに影響を受けるので，使用限度を一概に決定することは非常に困難である。また，使用油の性状のどれか一つが使用限度を超えたからといって直ちに交換すべきものでもなく，その他の項目が使用に差し支えない場合もあり，使用油の性状を判定するには総合的な判断を下す必要がある。

エンジンの取扱者としては，潤滑油の使用限度に対する特定の基準値を設けて油の交換時期を知ることは共通した希望であるが，影響する条件が非常に多いので，明確な指示は難しい。使用油の使用限度の一応の基準値を以下に示す。

- ディーゼルエンジン油

  引火点：170℃，粘度：±25％，水分：＋0.2％，全酸価：4mgKOH/g，強酸価：検出されたとき，Nペンタン不溶分とトルエン不溶分の差：0.5wt％

- タービン油

  粘度：＋10％，水分：＋0.2vol％，全酸価：2mmKOH/g

- 油圧作動油

  使用時間の経過とともに熱，酸素，ゴミ，水分などの影響によりしだいに劣化する。使用限界（変化量）の一応の基準値は次のとおり。

  密度：0.05，引火点：60℃，粘度：10〜15％，全酸価：0.1mgKOH/g，界面張力：15dyne/cm，色（ASTM）：2，Nペンタン不溶分：0.025wt％

問15 潤滑油の分析試験項目にはどのようなものがあるか。

答 ＜ディーゼルエンジン油に関して通常行う試験項目＞

- 引火点   • 全塩基価
- 粘度   • Nペンタン不溶分
- 全酸価   • トルエン不溶分
- 強酸価   • 水分

＜タービン油に関して通常行う試験項目＞

- 密度   • 全酸価
- 粘度   • 水分

8 燃料および潤滑

問16 船内で実施される潤滑油の簡易試験法について説明せよ。

答 船内の限られた器具，時間そして労力で使用油の劣化性状を試験する方法として，次のようなものがある。
- 臭気をかいでみて，強い臭気のものほど燃料油の混入や不純物含有量が多いと判断する。
- 指の間に挟んでみて，経験的に粘度の大小，夾雑物の多少を調べる。
- 試験管に適量の油を入れ，その先端部を110℃程度に加熱し，含有水分の存在を水がはねる音から聴き分ける。
- 透明な2枚のガラス板に油を挟んで透視し，水分の存在，スラッジ発生の有無を調べる。
- 試験管に油と水を等量ずつ入れ，激しく攪拌して放置し，油が完全に分離するまでの時間を測って抗乳化性を調べる。この場合，新油と比較するといっそう明確になる。
- 油を少量の清水で洗い，水分を取り出してリトマス試験紙が赤変すれば酸性である。
- 試験管に油と濃硫酸を等量ずつ入れ，よく攪拌した後，しばらくして黒い沈殿物のできる量および管壁温の上昇程度から不純物の混入割合および劣化の程度を知る。
- スポットテストを実施する。すなわち，適当な容器内に少量の試料をとり，60～70℃に加熱し，直径2～3 mmの金属棒を用いてその一滴をろ紙上に滴下し，15分ほど後に，浸透した油膜の幅を計測し，膜幅が2 mm以下になったら使用限度を超えたものと判断する。また，中心の汚染部周辺のぼやけ方から清浄分散性の強さを判別する。
- 簡易式粘度計，中和価試験器，比重計，比色計などの計器があれば，利用する。

問17 グリースの硬さの表示はどのようになされているか。

答 グリースの硬さは稠度で表される。JIS規格で決められた図のような稠度

計を用いて，規定円錐が試料に貫入した深さのミリメートルの10倍の数値で表す。

　すなわち，試料容器に試料を入れ，平らにならして，試料温度を25℃に保持してから，規定円錐を5秒間自重により貫入させ，その深さのミリメートルの10倍で表した数値を稠度とする。したがって，数値の大きいものほど軟質で，数値の小さいものほど硬質を意味する。

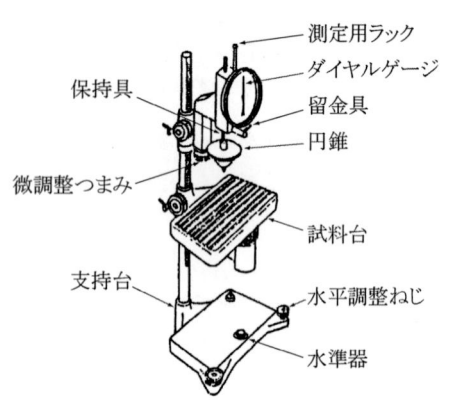

　また，稠度は攪拌によって変わるので，規定の混合器で60往復混和した直後に測定する混和稠度と，そのままこねないで測定する不混和稠度とがあるが，普通，稠度といえば混和稠度を示す。

　JIS規格では，グリースの混和稠度が175から400にわたって幅広く規定されているが，一般に250から300程度のグリースが広く用いられている。また，一般用グリース一種の場合，1号から4号に分類されているが，小さい号の方が軟質なグリースと規定されている。

9 熱力学（SI単位系）

問1 物質の質量と重量の関係を説明せよ。

答 質量 m [kg] は物質の基本的な量を表す単位で，地球上でも月面上（地球上に比べて重力の加速度が 1/6 になる）でも同じ m [kg] である。

重量とは物質に作用する重力の大きさのことで，たとえば質量 60 [kg] の物質の重量は，地球上では 60 [kgf]（重量キログラム）だが，月面上では 10 [kgf] になる。

【解説】 運動方程式 $F = ma$（力＝質量×加速度）を使用して，SI単位系での重量（力）と工学単位系（重力単位系）での質量を表すと

- SI単位系

$$\text{重量（力）} = 1\,[\text{kg}]\,(\text{質量}) \times 9.8\,[\text{m/s}^2]\,(\text{重力の加速度})$$
$$= 9.8\,[\text{kg}\cdot\text{m/s}^2] = 9.8\,[\text{N}]$$

SI単位系では，力の単位はN（ニュートン）を使う。

- 工学単位系

$$\text{質量} = 1\,[\text{kgf}]\,(\text{重量（力）})/9.8\,[\text{m/s}^2]\,(\text{重力の加速度})$$
$$= 1/9.8\,[\text{kgf}\cdot\text{s}^2/\text{m}]$$

工学単位系の 1 [kgf] を略して 1 [kg] と書いてある場合があるので，SI単位系の質量 [kg] と勘違いしないように注意すること。

問2 セルシウス度（℃），ファーレンハイト度（F）および絶対温度（K，ケルビン）の関係を説明せよ。

答 日本やドイツなどではセルシウス度（℃）が使用され，イギリスやアメリカなどではファーレンハイト度（F）が使用されている。SI単位系では，温度の基本単位は絶対温度（K）で表す。

その関係は以下のように表すことができる。

$$F\,[\text{F}] = \frac{9}{5}\,t\,[\text{℃}] + 32$$

$$t\,[\text{℃}] = \frac{5}{9}\,(F\,[\text{F}] - 32)$$

$$T\,[\text{K}] = t\,[\text{℃}] + 273.15$$

問3 熱量と比熱について説明せよ。

答 熱量 $Q\,[\text{J}]$ は,比熱を $c\,[\text{J/kg·K}]$,質量を $m\,[\text{kg}]$,絶対温度 $T\,[\text{K}]$ とすると
$$Q = c \cdot m \cdot T$$
で表すことができる物理量で,同じ物質の温度変化は,熱量に比例し,質量に反比例する。

比熱は,質量 $1\,[\text{kg}]$ の物質を $1\,[\text{K}]$ 上げるために必要な熱量を表し,物質固有の値である。水の比熱は $4.186\,\text{kJ/kg·K}$ である。

問4 熱量と仕事の関係について説明せよ。

答 仕事$[\text{J}]$は,力$[\text{N}]$×移動距離$[\text{m}]$で定義され,単位は J(＝Nm)を使用する。熱量の単位も同じ$[\text{J}]$で表され,仕事$[\text{J}]$＝熱量$[\text{J}]$として取り扱うことができる。

問5 熱力学の第一法則と第二法則を簡単に説明せよ。

答 熱力学の第一法則は
- 熱と仕事は,同じ物理量として扱える
- 加えた熱量は,内部エネルギの増加と機械的な仕事に変化し,全体としてのエネルギの総和は変わらない

と表現される。

熱力学の第二法則は,第一法則を補足し,仕事は"すべて"熱に変えることができるが,熱を"すべて"仕事に変えることはできないと表現される。

9 熱力学（SI単位系）

熱機関において，燃料が持つ熱量は一部分がピストンを動かす仕事に変化し，残りの熱量は大気に放出される。

問6 熱力学の第一法則で表現されている内部エネルギとは何か。

答 内部エネルギとは，分子レベルで考えると，分子が持つ絶対温度に比例した運動エネルギと，分子同士の結合から生じる位置エネルギの総和と表現される。

熱機関のシリンダ内では，燃焼ガス（動作流体）に蓄えられた内部エネルギによってピストンが動かされている。熱量と仕事の橋渡しをしているのが内部エネルギである。

問7 エンタルピとエントロピについて説明せよ。

答 エンタルピとは，熱力学の第一法則の拡張で，「内部エネルギの増加＋機械的な仕事」をエンタルピという一つの物理量で表したもの。

エントロピとは，熱力学の第二法則をエントロピという物理量で言い換えたもので，エントロピが増大するということは，熱が高温の熱源から低温の熱源に移動するにしたがって，内部エネルギの大きさは徐々に低下し，分子の乱雑さの度合いが大きくなること。

問8 定圧比熱と定容比熱について説明せよ。

答 定圧比熱は圧力一定のもとでの比熱，定容比熱は容量が一定のもとでの比熱を表す。分子レベルで考えると，気体が膨張できる場合（定圧）は与えられた熱量により分子の運動エネルギと位置エネルギを増加させ，膨張できない場合（定容）は分子の結合状態は変化できないので，与えられた熱量はすべて運動エネルギの増加になる。

気体が膨張できる場合は，膨張による損失があるので，定圧比熱 ＞ 定容比熱である。また比熱比は，定圧比熱/定容比熱という無次元量で表す。空

気の比熱比は 1.4 である。

問9　熱貫流率について説明せよ。

答　熱交換器などにおいて t_1 の高温流体から固体壁を通して t_2 の低温流体に熱が伝わった場合を考えると，伝熱面積を $F[\mathrm{m}^2]$ とすれば伝熱量 Q は

$$Q = K(t_1 - t_2) F \ [\mathrm{kcal/h}]$$

で示される。この $K\,[\mathrm{kcal/m^2 h℃}]$ を熱貫流率という。

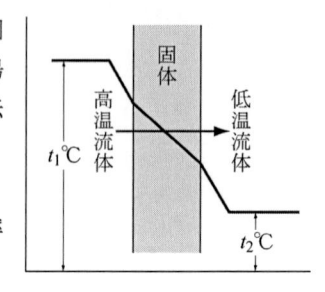

10 材料力学

> **問1** 応力にはどのような種類があるか。

答 物体に荷重が作用するとき,荷重に対する材料内部の抵抗力が生じる。この抵抗力を応力といい,材料の任意仮想断面における単位面積当たりの力で表す。応力には次のような種類がある。

- 引張応力:材料の軸方向に引き延ばすような荷重が作用するとき,任意面に対して垂直に働く応力。
- 圧縮応力:材料の軸方向に押し縮めるような荷重が作用するとき,任意面に垂直に働く応力。
- 剪断応力:はさみで紙を切るように材料を挟み切るような荷重(剪断荷重)が作用するとき,仮想面に沿って働く応力。
- 曲げ応力:材料を曲げるような荷重が作用するとき,材料上部は引っ張られ引張応力が働き,下部は押し縮められ圧縮応力が働く。これらを総称して曲げ応力という。また,中間部分は中立層といい,伸びも縮みもしない。
- ねじり応力:軸を回転させるように材料をねじる荷重をねじり荷重といい,その際に働く剪断応力をねじり応力という。

> **問2** フックの法則と材料の弾性係数について説明せよ。

答 物体に荷重を作用させると物体は変形する。荷重を除くと元の状態に戻る性質を弾性といい,荷重を除いても変形が残る性質を塑性という。塑性が生じる直前の応力のことを弾性限度という。

弾性限度内のある範囲では,物体に働く応力とそれに対応するひずみ(変形の割合)は正比例関係にある。これをフックの法則(Hook's law)という。また,この関係が成立する限界の応力を比例限度という。

正比例における比例定数を弾性係数といい,材料によりそれぞれ固有の値を示す。引張応力,圧縮応力などの垂直応力とひずみとの間の係数を縦弾性

係数あるいはヤング率といい，剪断応力と剪断ひずみとの間の係数を横弾性係数あるいは剪断弾性係数という。

問3　ポアソン比について説明せよ。

答　材料の軸方向の荷重に対して，軸方向のひずみ（縦ひずみ）と軸と垂直方向のひずみ（横ひずみ）との比は，弾性限度内で材料の種類ごとに一定の値を示す。縦ひずみに対する横ひずみの比をポアソン比といい，$1/m$ で表す。また，ポアソン比の逆数 m をポアソン数と呼ぶ。多くの金属材料でポアソン比は 0.25〜0.38 の値をとる。

問4　応力-ひずみ線図を図示して説明せよ。

答　材料の機械的性質は種々の工業試験によって得られる。その中で引張試験は試験片の軸方向に引張荷重を作用させ，その伸びと破断荷重を調べるものである。試験結果は荷重と伸びの図で表されるが，通常は縦軸に荷重の代わりに（公称）応力（荷重を試験前の断面積で割ったもの），横軸にひずみをとった応力-ひずみ線図で表す。

　図は軟鋼（低炭素鋼）の応力-ひずみ線図であり，OA間は応力とひずみが比例関係にあり，傾きの大きさが縦弾性係数を示す。点Aの応力を比例限度という。点Bまでは荷重を取り去れば伸びも消滅する弾性変形を示すが，この点を超えると変形が残る塑性を示すようになる。点Bの応力を弾性限度という。点Cに達するとさらに荷重を加えなくても伸びが生じて点Dまで続く。このような現象を降伏という。点Dを超えると荷重は再び増加し，伸びも著しく増し，点Eで最大荷重に達する。ここで

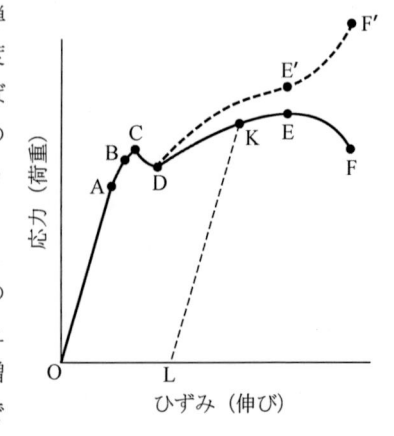

の応力を引張強さという。この点を超えると試験片の中央部のくびれが顕著になり，荷重は減少するが試験片はさらに伸び，点 F で破断する。

しかし，実際には荷重によって試験片が伸びれば断面積は減少する。荷重を各瞬間での断面積で割ったものを真応力といい，それとひずみとの関係を破線 DE′F′ で示してある。

また，点 K の時点で荷重を取り去ると，ひずみは点 K から OA にほぼ平行に減少するが，結局 OL だけひずみが残る。このように元に戻らない変形を永久ひずみという。

問5 許容応力と安全率について説明せよ。

答 <許容応力>

機械や構造物の設計に際して，使用する材料に荷重による変形や破壊が起こらないためには，材料に生じる応力を弾性限度以下に抑える必要がある。また，弾性限度以下であっても衝撃荷重や繰返し荷重が働いたり，高温で使用したりすれば安全であるとはいえない。そこで種々の条件を考えて，安全性からその材料に許される最大の応力を仮定し，これを許容応力という。

<安全率>

材料の基準の強さと許容応力の比を安全率という。基準の強さは使用する条件に応じて決められるが，通常は引張強さなどの極限強さを用いる。それぞれの条件に応じた一般によく使われる安全率の値を表に示す。

安全率

材料	静荷重	繰返し荷重	交番荷重	衝撃荷重
鋳鉄	4	6	10	15
鋼	3	5	8	12
木材	7	10	15	20
レンガ・石材	20	30	—	—

問6 応力集中について述べよ。

答 機械部品には断面が変化する部分，すなわち穴，切込み，ネジ，段などがあることが多い。これらのように断面の形状が急に変化する部分を切欠きという。切欠きを持つ材料に，たとえば引張荷重が作用するときに生じる応力は，切欠き付近で急に大きくなり，切欠きの縁の一部で最大になる。このように，応力が局部的に急に大きくなることを応力集中という。

問7 熱応力について述べよ。

答 機器内に固定されている材料は，温度上昇により加熱されると膨張しようとし，温度が下降すると収縮しようとする。材料は固定されているので自由な膨張あるいは収縮が妨げられ，結果として応力が生じる。これを熱応力という。

問8 クリープとクリープ限度について説明せよ。

答 常温において金属棒に荷重が作用した場合，弾性限度以下の応力ならば，作用した時間に関係なく，生じるひずみは一定である。ところが，高温においては，弾性限度以下の応力であっても，時間が経過するに従いひずみは増加する。このような現象をクリープといい，応力と温度が高いほど著しく現れる。

図はクリープ曲線の一例で，横軸に荷重を加えている時間，縦軸にひずみをとってある。

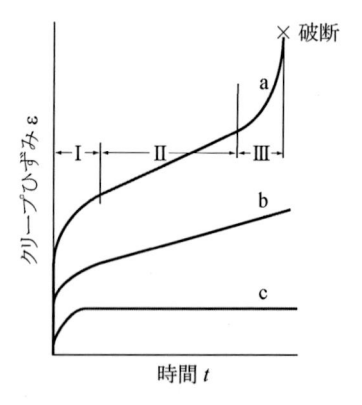

aは荷重，温度の両方か一方が高い場合で，はじめは急激に変形が進み（第Ⅰ期クリープ），その後一定の割合でひずみが増加する（第Ⅱ期クリープ）。さらに時間が経過するとひずみ速度が急激に増加し破断に至る（第Ⅲ期クリープ）。

bは，荷重または温度がaより小さい場

合で，第Ⅲ期クリープは現れない。

cは，高温ではあってもbより低温，低荷重の場合で，ある時間後にひずみは一定になり破断は生じない。cのようにある一定の温度において，ある時間後にクリープが停止する際の最大応力を，その温度におけるクリープ限度という。

問9 材料の疲れと疲労限度について説明せよ。

答 材料に繰返し荷重が作用すると，静荷重により破壊するときよりはるかに小さい荷重で破壊することがある。このような現象を材料の疲れ（疲労）という。材料の疲労特性を知るために疲労試験が行われる。材料に荷重を繰り返し作用させ，破断するまでの繰返し数を調べる。結果は図のように縦軸に荷重により発生する応力（S），横軸に破断繰返し数（N）をとったS-N曲線で表される。横軸は対数目盛であることに注意。

図は傾斜部と水平部からなり，鉄鋼では10^7回以内の繰返し数で水平部が現れる。水平部以下の応力では繰返し数が増えても破断は起こらない。破断を起こさない最大応力を疲労限度という。しかし非鉄金属ではこのような水平部は現れず，一般に疲労限度は存在しない。

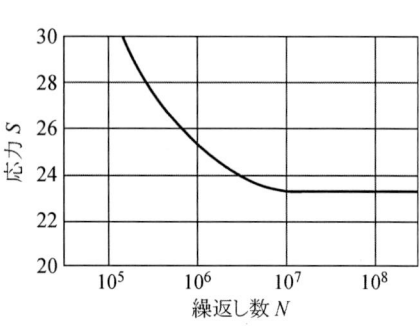

問10 慣性モーメントについて説明せよ。

答 慣性モーメントは回転慣性ともいい，物体の回転運動に関する慣性の大きさのことで，直線運動における質量に相当するものである。慣性モーメントの大きな物体は回転させにくく，回転している場合はその回転を止めにくい。慣性モーメントは，物体各部の質量に回転軸からの距離の2乗を掛けたもの

を全体に積分して求められ，物体の質量分布によって決まる。密度が一定な物体ではその形状により，また同じ形状でも回転軸の位置により異なった値をとる。

　物体の全質量 M が回転軸から半径 k のところの一点にあるとすると，慣性モーメント I は

$$I = Mk^2$$

で表され，このような k を回転半径という。また，回転の角速度を ω とすると，そのときの回転による運動エネルギ E は

$$E = \frac{1}{2} I\omega^2$$

で表される。

問11　断面係数について説明せよ。

答　梁に荷重が働き曲げモーメント（M）が作用すると，梁には曲げ応力（σ）が生じる。曲げモーメントは曲げ応力に比例し，$M=Z\sigma$ で表される。この比例定数 Z は梁の断面の形状によって決まった値をとり，材質によらない。この比例定数を断面係数という。

11 金属材料

11-1 鉄鋼材料

問1 炭素鋼の状態図について説明せよ。

答 炭素鋼の状態図は，鉄と炭素の合金が炭素含有量と温度により組織を変える状態を表す状態図である。概略の図を下に示す。

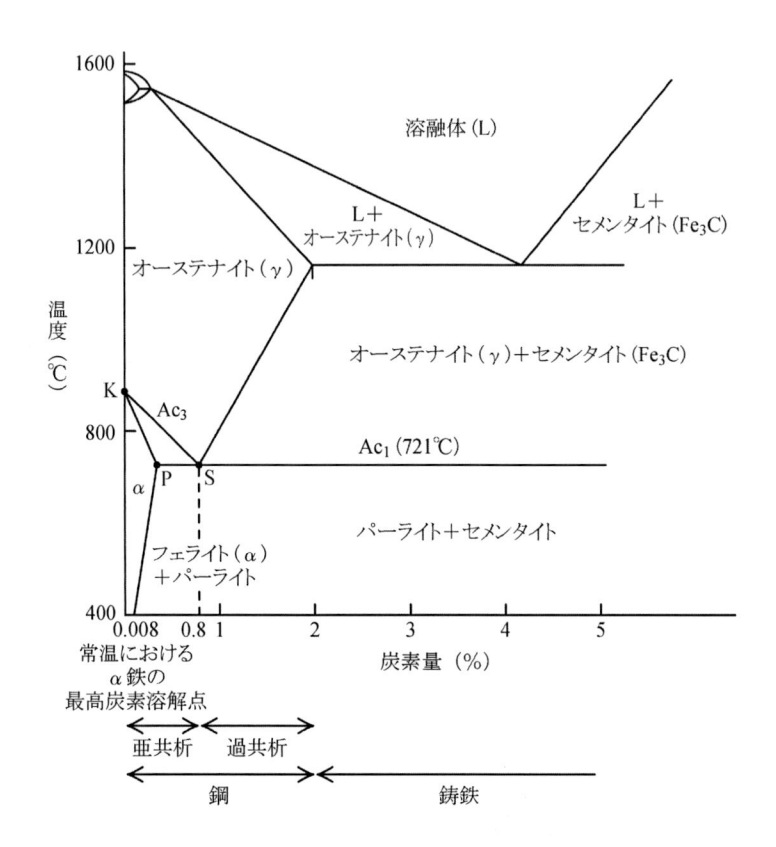

炭素量が0.8％以下を亜共析鋼といい，その場合の焼入れはKS線以上の温度にしなければならない。炭素量が0.8％の鋼はすべて共析組織のパーライトで，これを共析鋼と呼ぶ。一般に炭素量が2％以上のものを鋳鉄といい，この場合，炭素は鉄と固溶体をつくるか黒鉛またはセメンタイトとして存在する。

問2 鋼と鋳鉄の違いを説明せよ。

答 鉄中に含まれる炭素の量により区別される。炭素含有量が0.008〜2.0％のものを鋼といい，2.0％以上のものを鋳鉄という。

問3 鋼材の熱処理の種類について簡単に説明せよ。

答 鋼材の熱処理の代表的なものには，次のようなものがある。
- 焼き入れ：適切な温度（Ac_1またはAc_3変態点以上）に加熱した後，水や油に浸けて急冷する操作をいう。鋼の硬さと強さを増すために行う。
- 焼もどし：焼入れにより硬化した鋼に靱性を与えたり，安定した組織に改善するために，適切な温度に加熱した後，適切な時間をかけて冷却する操作をいう。
- 焼なまし：鋼材の機械的性質を高めるため，適切な温度に加熱した後，徐冷する。完全焼なまし，球状化焼なまし，ひずみとり焼なましなどがある。
- 焼ならし：鋼材を適切な温度に加熱後，大気にて自然冷却する操作をいう。鋼の組織が微細となって強さや衝撃値が改善される。大型鋼材や鋳鋼品に対して行われることが多い。

問4 炭素鋼の焼入れの加熱温度について説明せよ。

答 炭素鋼をAc_1またはAc_3変態点より30〜50℃高い温度に加熱して組織をオーステナイトあるいはオーステナイトとセメンタイトとの混合している状態にしておき，急冷する時間などによりマルテンサイト，トルースタイト，

ソルバイトなどの組織が得られる。これらの組織は硬さ，強さの面で優れており，この操作を鋼の焼入れという。

　焼入れの温度 Ac_1 変態点は 721℃（A_1 変態点 727℃）で一定であり，炭素量 0.8％以上の鋼に適用する。また炭素量が 0.8％以下の亜共析鋼については Ac_3 変態点以上に加熱するが，Ac_3 変態点は炭素量により温度が異なり，炭素量の低いものほど温度は高くなる。

問5 クリープ限度について説明せよ。

答 金属材料にある一定の荷重を長時間加えた場合，短時間で求めた変形や破損に至る荷重よりはるかに小さい値でも変形したり破損に至ることがある。これをクリープという。この現象は高温の状態では顕著になり，鋼材では 350～400℃以上で著しい。荷重をかけてからある時間後，クリープ速度がゼロになり，材料が破断されないときの最大の応力をクリープ限度という。

問6 鋼にマンガン(Mn)，ケイ素(Si)，リン(P)が混ざった場合，どのような影響を生じるか。

答　＜マンガン＞　鋼にマンガンが含まれると，高温引張強さおよび硬さが増加する。
　　＜ケ イ 素＞　鋼中のケイ素は，鋼の電磁的特性や耐熱性を増加させる。
　　＜リ　　ン＞　リンの含有量が多いと鋼はもろくなる。

問7 鋼中におけるニッケル(Ni)とクロム(Cr)の役割について説明せよ。

答　＜ニッケル＞　変態点を下げて焼入れを容易にする。粘り強さ，高温および低温衝撃抵抗を増加させる。
　　＜ク ロ ム＞　焼入れ，質量効果に大きく作用する。機械的な性質が向上する。耐摩耗性，耐食性，耐熱性が増加する。

問8 ゴースト線および白点について説明せよ。

答 鋼中に偏析する硫黄やリンが，その鋼塊が圧延，鋳造されたときに，偏析部が伸ばされて帯状組織となる。ここには硫化物や酸化物などの他の不純物も偏析しやすく，脆く破損しやすい欠陥部となるが，これをゴースト線という。

白点は鋼材の熱処理，加工によって鋼材の表面および内部に現れる白色扁平な割れで，白い斑点のように見えるのでこの名前で呼ばれる。

問9 材料記号でSF，SCとはどのような材料か。

答 ＜SF＞ S：鋼（Steel），F：鍛造品（Forging）で，炭素鋼鍛造品を示す。
＜SC＞ S：鋼（Steel），C：鋳造品（Cast）で，炭素鋼鋳造品を示す。

問10 FC200，SS400，SF440，S15Cとは。

答 表に示す。

規格	最初の文字（材質）	2番目の文字（形状，種類，用途など）	3番目の文字（最低引張強さ）
FC200	F：鉄（Fe）	C：鋳造品（Cast）	200 N/mm²
SS400	S：鋼（Steel）	S：一般構造用圧延鋼材	400 N/mm²
SF440	S：鋼（Steel）	F：鍛造品（Forging）	440 N/mm²
S15C	S：鋼（Steel）	15C：炭素量（%）	―

問11 炭素鋼の表面硬化法について説明せよ。

答 炭素鋼の表面硬化法には次のようなものがある。
- 火炎焼入れ：内部が変態点以上にならないように，炭素鋼の表面を，火炎によって変態点以上に急速に加熱し，表面を冷却し焼入れを行う。
- 浸炭法：低炭素のはだ焼鋼を浸炭剤中で高温に加熱し，表面から炭素を焼き入れて，共析あるいはやや過共析組織になった高炭素表面層をマルテン

サイトにして硬化させる方法である。
- 高周波焼入れ法：鋼材に高周波電流を通すと，渦電流の大部分が表面に集まることを応用して，表面部のみを変態点以上に加熱し，水を噴射して急冷する方法である。硬化層の薄い焼入れができ，鋼材の科学的組織に変化を生じないなどの利点がある。
- 窒化法：NH_3 中で鋼に N を吸収させて窒化鉄を作り，表面を硬化させる。

問12 硬度試験にはどのような種類があるか。

答 JIS に規定されているのは，次の 4 種類である。
- ブリネル硬さ：焼入鋼や超硬合金製の鋼球を，一定荷重のもとに試料の表面に押し付け，そこに付けられた凹みの表面積で荷重を割った値を硬さ値とする。
- ビッカース硬さ：規定の形をしたダイヤモンド製圧子を，一定荷重のもとに試料の表面に押し込み，生じた凹みの表面積で荷重を割った値を硬さ値とする。
- ロックウェル硬さ：規定の大きさの鋼鉄，あるいは規定の形のダイヤモンド製圧子を，まず基準荷重で試料面に押し込み，その深さを基準として，さらに試験荷重まで荷重を増加した後，再び基準荷重に戻したときの凹みの深さを測定して，一定の方式で硬さの値を表示する。
- ショア硬さ：先端にダイヤモンドを埋め込んだ円筒状のハンマを一定の高さから試料面に垂直に落下衝突させ，そのはね返り高さに比例した数で硬さ値を表示する。

問13 衝撃試験はどのような試験か。

答 一定の寸法の試験片に決められた形状の切欠きをつけ，ハンマでたたいて衝撃を与えるとき，破断するのに消費されたエネルギの値，あるいはそれを破断部の断面積で割った値を衝撃値とし，その大小で衝撃に対する強さを判定する。

11-2　非鉄金属材料

問1　黄銅および青銅について説明せよ。

答　＜黄銅＞　一般に「しんちゅう」と呼ばれる。銅(Cu)と亜鉛(Zn)の合金。亜鉛の割合により七三黄銅（亜鉛約30％）や四六黄銅（亜鉛約40％）などと呼ばれるものがある。アンチモン(Pb)，すず(Sn)，アルミ(Al)などを少量入れて，強さ，加工性，耐食性などの性質を改善する。プロペラ，ボルト・ナット，弁，冷却器用チューブなどに使用される。
＜青銅＞　一般にブロンズともいう。銅(Cu)とすず(Sn)の合金。鋳造性や海水に対する摩耗性も良いため，プロペラ軸のスリーブ，海水ポンプのライナなどに使用される。一般には貨幣，鐘，工芸品などに使われている。

問2　ホワイトメタルの性質および材質について説明せよ。

答　ホワイトメタルは軸受として多く使用されるが，軟質で軸とのなじみが良い。潤滑油の保持性が高く，軸受の焼付きが少ない。鋳造性および裏金材料の軟鋼や青銅などとの接着性も良く加工性に優れているなど，多くの利点を持っている。欠点としては，温度上昇と共に急激に強さが減じてしまい，発熱した場合に損傷しやすい。材質的には，すず(Sn)を主成分としアンチモン(Sb)や銅(Cu)を添加したすず台ホワイトメタル（WJ1，WJ2など，別名バビットメタル），鉛(Pb)を主体とした鉛台ホワイトメタル（WJ7）および亜鉛(Zn)を主体とした亜鉛台ホワイトメタル（WJ5）の3種類がある。すず台ホワイトメタルが一般的に多く使われる。

問3　ケルメットの成分，使用個所，特徴について説明せよ。

答　ケルメットは，銅(Cu)約70％と鉛(Pb)約30％を主成分とする合金で，強

固で熱伝導が大きく,耐荷重性と耐疲れ性に優れている。鉛の含有量が多いほど,耐疲れ性は減少し,減摩効果は増加する。ケルメットにニッケルを添加すると偏析を抑える効果がある。ケルメットの仕上げ面に,鉛とすずの合金をメッキしてオーバレイをつけると,軸受表面が軟らかくなり,なじみ性が良くなる。また,ホワイトメタルに比較して耐荷重性は大きいが,硬く耐食性およびなじみ性が悪いため軸のほうも硬くする必要があり,クランク軸は表面硬化が行われる。中高速内燃機関の軸受として使用される。

問4 トリメタルとはどのような軸受材料か。

答 トリメタルは裏金に2層に軸受材を鋳込み,さらに電気メッキにより鉛系表面層を付着させたもので,これをオーバレイという。中間層の肉厚を薄くすることにより,耐荷重性,耐疲れ性が良くなり,表面層により軸や潤滑油とのなじみ性,異物の埋込み性などが改善され,摩擦係数も小さくなる利点がある。

12 造船工学

> **問1** プロペラにキャビテーションが発生する条件と，その防止策について述べよ。

答 ＜発生する条件＞

プロペラが回転すると，プロペラの周囲の流速が変化して，前進面では正圧となり，後進面では負圧となる。翼面にこのような圧力変化を生じるのは翼断面周囲の流体の速度変化によるもので，流速の遅いところでは圧力が高くなり，反対に流速の速いところでは圧力が低くなるというベルヌーイの定理から導かれる。

つまり，キャビテーションが発生する条件は，速度変化による圧力低下で翼面の圧力がその水温における蒸発圧より低くなることである。キャビテーションは沸騰とよく似た現象であるが，発生するための条件が速度変化による減圧によるもので，熱的条件によって生じる沸騰と異なる。

＜防止策＞
- プロペラの深度を大きくする。
- 翼面の単位面積当たりのスラストを小さくする。
- 翼断面の形状を最適なものとする。
- 船尾伴流ができるだけ均一となるような船尾形状とする。
- プロペラ翼面を滑らかにする。
- 回転数を低下させる。

> **問2** GMとはなにか。

答 GMとは船体重心Gと横メタセンタM（直立状態での浮力の作用線（船体中心線）と微小横傾斜させたときの浮力の作用線との交点）との間の距離のことで，横メタセンタ高さと呼んでいて，Gを基準0として上方を正，下方を負として，GとMとの間の距離で表す。その値の正負およびその絶対

値により，船の安定性の傾向や安全性の程度や大きさがわかる。

　交点 M が G より上方にあるときは安定の釣合い（元の直立状態に戻ろうとする），同じ位置つまり重なっているときは中立の釣合い（他の外力が加わらなければ傾斜したままの状態を保つ），下方にあるときは不安定の釣合い（他の外力が働かなくても傾斜を増して転覆しようとする）となる。

　また，この GM の大きさは船の横揺れ周期に関係し，GM が大きくなると安定性が良くなるが横揺れ周期は小さくなり横揺れが激しくなる。したがって GM はあまり大きくても小さくても良くない。

問3　復原力について説明せよ。

答　船を横傾斜させると元の状態に戻ろうとするが，この戻ろうとする偶力によるモーメントを静復原力という。排水量を W とし，浮力の作用線と重心 G の距離を GZ（復原てこ）とすると，静復原力は $W \cdot GZ$ で表される。

　$W \cdot GZ$ または GZ を傾斜角 ϕ に対して示したものを復原力曲線といい，船の幅，舷側の高さ，上部構造，開口位置によって大きく変化し，船内に自由な表面があると復原性が悪くなる。

　また，復原力曲線の積分値は横揺れにおける外力の仕事量（船が θ 傾斜したときには θ 傾斜までの各傾斜状態における静復原力の和に等しいエネルギが船内に蓄えられる）を示すことになるので，積分曲線を動的復原力曲線と呼んでいる。一般に復原力という場合は静復原力を指す。

問4　伴流係数とはなにか。

答　伴流は摩擦伴流，流線伴流，波伴流が合成した複雑な流れで，船尾において最大となる。船尾における伴流は，造波抵抗が大きくて波伴流の影響が強く表れる場合を除いて，一般に船の進行方向と同一である。

　伴流の大きさは，伴流の大部分が船の進行方向の流れであるため，進行方向の流れの速さを伴流速度として表している。伴流速度は模型船による実験から求められている。

一般には，この伴流速度（船速からプロペラの前進速度を引いた速度）を船速で割って無次元値にしたものが伴流係数である。伴流係数の値は，船の大きさ，船尾形状によって変化するのはもちろんのこと，同一の船でも船尾の位置によりその値は異なる。

$$V_w = V_s - V_a$$

$$w = \frac{V_w}{V_s} = \frac{V_s - V_a}{V_s} = 1 - \frac{V_a}{V_s}$$

ここに V_w：伴流速度
　　　　V_s：船速
　　　　V_a：プロペラの前進速度
　　　　w：伴流係数

問5 推進効率について説明せよ。また，その値はどのくらいか。

答 推進効率は有効出力と伝達出力との比のことで，プロペラの出力と船体の出力との関係を総合的に示すものであり，船後プロペラ効率と船体効率の積となる。プロペラに伝えられた出力が実際に船を航走させるのにどの程度有効に利用されたかを表す。推進効率は，中小型船で約50～70％，大型船で60～80％である。

$$\text{推進効率 } \eta = \frac{\text{EHP}}{\text{DHP}} = \frac{\text{THP}}{\text{DHP}} \cdot \frac{\text{EHP}}{\text{THP}}$$

$$= \eta_B \times \eta_H = \eta_O \times \eta_R \times \eta_H$$

ここに η_B：船後プロペラ効率　　EHP：有効出力
　　　　η_O：単独プロペラ効率　　DHP：伝達出力
　　　　η_R：プロペラ効率比　　　THP：スラスト出力
　　　　η_H：船体効率

問6 船が航走するとき船体が受ける抵抗をあげ，簡単に説明せよ。

答 船体が航走するときの抵抗は一般に次の4つの抵抗に分類される。

- 摩擦抵抗：船体が航走するとき，流体の粘性のために船体表面近くの水を引きずろうとして接線方向に摩擦力を生じる。この水と船体表面との摩擦力の合計が摩擦抵抗となり，全抵抗の大部分を占めている。とくに低速の肥大船ではその割合が大きく，70〜80％にも達する。
- 造波抵抗：船舶は密度の異なる水と空気の境界層を航走するので，船首や船尾などから波が発生する。この波を発生させるためのエネルギが造波抵抗となる。造波抵抗は波に起因するため，その大きさは船体の形状や寸法などに関係する。造波抵抗は船速の2乗以上に比例するため，高速船では造波抵抗の占める割合が高くなる。その値は低速の肥大船で10〜20％，高速船で40〜50％程度であるが，その値を減少させる目的で球状船首が使用されている。
- 渦抵抗：流体の粘性に基づく抵抗で，船体表面を流れる水が表面から離れて渦を発生することによる抵抗であり，形状抵抗（form resistance）ともいう。船尾部の形状に最も影響を受け，船体付加部も渦抵抗増加の原因となる。
- 空気抵抗：船体の水面上の部分が受ける抵抗のことで，全抵抗に占める割合は少なく，無風状態で航走するときは2〜3％程度である。空気抵抗は上部構造物の形状とその面積，風速および風向などの影響を受ける。

問7 プロペラの鳴音およびその防止法について述べよ。

答 プロペラ翼の後縁から水流が離れるとき，前進面と後進面から交互に渦が発生する。この渦をカルマン渦列（Karman's vortex street）という。この渦列の発生周波数と羽根固有の振動数が一致したときに発生する「ワーン・ワーン」とか「キーン・キーン」という音が鳴音である。すなわち，プロペラ鳴音は共鳴現象によるもので，高回転のプロペラで発生しやすい。

＜鳴音の防止法＞　プロペラの固有振動数とカルマン渦列の発生周波数との共鳴を避ければ鳴音は防止できるので，常用回転数で鳴音を発生する場合，$0.5R$付近から先端にかけて後縁の厚さを薄くする加工を行い，発生する周波数を高くして鳴音を防止している。後縁の仕上げが悪いと鳴音が発生しやすく，翼面の仕上げを入念に行ったら鳴音が消えた例もある。

問8 プロペラに発生する振動の原因をあげよ。

答 プロペラの運転中に振動が発生する原因には次のようなものがある。
- プロペラの工作不良や釣合い不良
- 不均一伴流中でプロペラが回転している
- カルマン渦の発生
- キャビテーションの発生
- 羽根が水面より露出している
- プロペラと船体および舵との間隙が少ない

執務一般

執務一般

13　当直・保安および機関一般

問1　航海中ブラックアウトしたとき，どのように対応するか。

答　① 主電路，配電盤の焼損など，予備発電機の起動に問題がないかどうか，ブラックアウトの原因を確認する。
　② 予備発電機の起動に問題がなければ直ちに起動，電源を復旧する。予備発電機が自動起動するものであれば，それが自動起動して電圧が確立し，電源が復旧することを確認する。
　③ 起動すべき補機を起動する。それらが自動起動する船にあっては，自動起動していること，運転状態に異常のないことを確認する。
　④ 船橋，機関長，1等機関士などに状況を報告する。
　⑤ ボイラや油清浄機など手動で復旧すべきもので，早急に復旧が必要なものは，必要な操作をして通常状態に戻す。
　⑥ 主機の起動チェックおよび準備を行う。問題がなければ，船橋と連絡をとりながら主機を起動し，元の運転諸元に戻す。
　⑦ すべて元の状態に戻ったら，船橋に連絡する。
　⑧ ブラックアウトした正確な原因を調査し，修理する。

問2　荒天時の主機の運転に対する注意事項をあげよ。

答
- オーバースピード保護装置のついているものは，切替えスイッチを荒天位置に切り替える。これにより，レーシングが起きて主機が瞬間的にオーバースピードになっても非常停止することを防ぐことができるが，主機のオーバースピードは避けなければならないから，主機回転計の指示変化に対する監視を強化し，必要に応じて減速する。
- 空転が激しくなるので，ガバナの作動状態に注意する。状況によってはその感度調整を変える。ガバナにより負荷が激しく変化するので，シリンダ内最高圧力や排気温度，トルクリッチなどに注意し，必要に応じて

減速する。
- 主機の操縦位置を船橋にしているものにあっては操縦場所を制御室とし，空転が激しくなればハンドルを手動で加減して空転を避け，機関の急回転を避けるように努める。
- 使用回転数の範囲に危険回転数があるときは，これを避けるように操作する。
- 各部軸受の油温，油圧に注意する。
- 燃料，潤滑油系統のストレーナの詰まりに注意する。
- 冷却海水系統のシーチェストからのエアの吸引に注意する。

問3 火災探知装置の探知方法について述べよ。

答 火災警戒区域に設置された探知器（煙，熱，炎式）および手動火災警報装置により火災の探知を行う。火災が発生して探知器が作動すると，火災灯，火災発生区域を示す地区灯が点滅し，同時にベルが鳴る。手動火災警報装置を作動させた場合も同様。警戒区域の探知器で作動したものは応答表示ランプが点滅しているので，それを探す。応答表示ランプが点滅している付近の状況をチェックして，火災の状況を知る。火災でない場合は探知器が作動した原因を探す。主電源（交流 100 V）が喪失した場合も非常電源（直流 24 V）に自動的に切り替わり，火災の監視は続く。

問4 火災警報装置の故障原因について述べよ。

答 火災警報装置は次のような場合，ブザーが鳴り，故障灯またはスイッチ位置不良灯が点灯して知らせる。
- 主電源喪失
- 主電鈴回路の断線
- 非常電源の喪失
- ヒューズの断線
- 非常電源の過負荷
- スイッチ位置の不良
- 探知器回路の断線

執務一般

問5　承認図面の検討項目について述べよ。

答　船舶の新造時の造船所により作成された図面は，製造にかかる前に船主側のチェックを受ける。船主側のチェックでは，契約時に決められている仕様に基づき，寸法，材質，強度，安全性，利便性，規則や法律などのあらゆる面から検討され，協議の上，図面に訂正，追加，削除などが行われる。これが終わった最終のものを承認図面という。工事はすべて承認図面によって施工されるから，チェックミスのないように注意する。

問6　補償ドックとしてどのような点に注意するか。

答　新造後ある定められた期間（通常は1年）内に，設計，工作，材質上の不良や，乗組員の取扱いが正しくても故障したりする場合は，補償工事（無償）として扱われるのが普通である。したがって，補償ドックに入る際には，補償工事となるものとならないものに分類し，補償されるものは補償工事として工事を要求する。

　また，補償期間が定められているので，補償ドック時に工事として提出するものに漏れがないように注意しなければならない。

問7　補償期間中の故障に対してとるべき手段をあげよ。

答　補償期間中に発生した故障や不具合で補償の対象になるものは，補償工事として造船所やメーカ側の負担において修理される。したがって，期間中に補償工事が発生した場合は，会社のしかるべき部署を通して造船所に連絡して修理を要請する。故障の軽重，緊急度などにより，造船所作業員が航海中の上乗りをしたり，海外の港での工事や部品の送付なども含めて要請する場合もある。船内で修理を行い部品などを使用した場合は，部品のみを造船所に請求するときもある。

13 当直・保安および機関一般

問8 入渠前の準備作業について説明せよ。

答
① ドックの工事日程，工事予定，船側作業予定などを作成し，船内に周知する。
② 上架したときの船体や架台の強度，トリム，ヒールの関係から，燃料タンクや清水タンクの保有量に注意する。また，受検予定のものは空にしておく。
③ ビルジ，スラッジなどの処理を済ませておく。また，陸揚げしなければならないものは陸揚げの準備をしておく。
④ 関係する工事個所の確認やマーキング，工事に必要な予備品および特殊な工具などを準備する。
⑤ ボイラのブローや開放，主機の手仕舞いや工事のために必要な手順，陸上電源への切換時の手順などを調査研究して準備を行う。

問9 機関部における航海当直基準についてどのように規定されているか。

答 〔記載法令〕航海当直基準

問10 燃料油搭載の方法と注意事項について述べよ。

答 ＜補油準備＞
① 油移送管系統図，甲板上スカッパ，エア抜き配置図，補油作業分担表を作成，ホースコネクション近くに掲示しておく。補油管系統の圧力テストを年1回施行してラインの見やすいところにペンキにて表示し，日誌には記録を残しておく。
② 燃料管系の圧力計の指度の検査を行っておく。
③ 燃料油移送ポンプが自動の場合は，手動または電源を切って送油ができないようにしておき，全燃料タンクの残量を計測・確認する。
④ 補油タンクの順序，タンク別補油量，計測値（積切り）を決定・周

知する。
⑤ ホースコネクション用レデューサおよびパッキングの準備をする。
⑥ その他の用具および漏油対策資材を準備し，ホースコネクション付近に置く。
⑦ 甲板上全スカッパを閉鎖し，ホースコネクションの油受け缶を配置する。
⑧ 機関室弁操作場所と甲板ホースコネクション部付近に連絡用電話を設置する。
⑨ 夜間になる場合は照明の準備をする。
⑩ ジャコブスラダの準備をする。
⑪ 補油ホースを接続する。
⑫ バージのタンクを計測し，陸上のタンクからの場合はタンクの計測またはフローメータの読みを行う。
⑬ 納入者，燃料の種類，性状，納入量などの確認，補油順序，移送レート，送油ストップの方法などについて打合せを行う。
⑭ 安全チェックリストにより本船およびバージのチェックを行い，両方の責任者のサインを受ける。
⑮ B旗を掲揚し，船内へ周知する。

＜補油＞
① 補油開始時は，移送レートを落とし，ゆっくり送ってもらう。開始時間を記録する。補油管系に異常のないことや補油タンクへの流入の確認がとれた後，レートまで少しずつ増量する。
② 補油中はタンク計測を適宜行い，レートに従った予定量がタンク内に積み込まれていることを確認する。
③ タンクの切替え時は，必ず，新しく積み込むタンクの弁を開けた後に，終了するタンクの弁を閉める。開閉する弁を間違わないように注意する。
④ 補油管系やエア抜き周辺をときどき巡検し，振動や漏れなど異常の有無を点検する。
⑤ 終了近くになったら移送レートを落とす。予定量に達したら送油を停止させる。
⑥ ラインのエア押しは，タンクに余裕のない場合や船体のトリムなど

により，エア抜きから油が噴くこともあるので注意する。
⑦ 補油終了後，補油管系の弁は，ゲート弁のみを閉め，他の弁はライン中に残っている油がタンクに落ちるようしばらく開けておく。
⑧ 終了時間を記録する。B旗を降下し，終了を船内に周知する。
⑨ サンプルを受け取り，本船側タンクの補油量を確認し，受領書にサインする。
⑩ ホースを取り外し，バージを切り離す。用具を片付ける。

問11　船内で使用されている弁の種類について述べよ。

答　船内で使用されている主な弁には次のようなものがある。

- 玉形弁，アングル弁：流量調節用として広く一般的に使用され，高温高圧部にも適用可能である。玉形弁は配管直線部に，アングル弁は配管曲り部に設けて便利なように設計されている。
- 仕切弁：流量調節には不向きであり，おおむね全開または全閉のいずれか一方で使用する。流体抵抗が少なく，フランジの面間寸法も玉形弁に比べて小さいので，狭い場所の配管に便利であり，とくに大口径の場合に経済的である。ただし，内ねじ式仕切弁は構造上，高温高圧には不向きである。
- 逆止め弁：流体の逆流を防ぐ必要のある個所に設けるもので，用途により，ねじ締め逆止め弁，リフト逆止め弁およびスイング逆止め弁がある。ねじ締め逆止め弁は逆止め作用と併せて流量調節の必要のある個所に使用するもので，玉形弁とアングル弁とがある。リフト逆止め弁は逆止め作用だけが必要で流量調節の必要のない個所に使用するもので，同じく玉形弁とアングル弁とがある。スイング逆止め弁は小さな差圧で開閉し，バルブ通過時の流体抵抗が少ないことが必要な個所に使用する。ただし構造上，高温高圧には不向きである。
- コック：急速に流路を開閉させる場所，または流れ方向を切り替える個所に使用する。切替用にはとくに三方コックが便利である。ただし構造上，高温高圧には使用できない。

その他，減圧弁などがある。

執務一般

問12 バルブに書かれている「5K-100」は何を示しているか。

答 「5K」はそのバルブの呼び圧力,「100」は呼び径（管の呼び径に等しい）を示す。

問13 ベアリングの規格について述べよ。また，6204ZZと6204の違いについて説明せよ。

答 ころがり軸受は，内輪，外輪，転動体（玉またはころ）および保持器からなる。接触角によりラジアル軸受とスラスト軸受に，転動体により玉軸受ところ軸受に別れ，転動体の列数により単列と複列に分類される。

6204の場合，62は6200番台のベアリングの形番であることを示す。最初の数字6は形式記号で単列深溝玉軸受を示し，最も代表的なものである。2は幅，高さ，直径などの寸法系列記号である。この形の軸受には6300番台と6400番台があり，数字が大きいものほど高荷重に耐えられる。6200番台は軽荷重用である。

後の数字04は内径の番号を示す。04の場合，内径は20mmである。内径の番号が一つ増えると内径が5mm増す。したがって6205は内径25mmであることを意味する。

6204ZZの場合，ZZは6204の軸受の両面に鋼板でシールドしたものに付ける記号である。シールの場合はUUとなる。これらの軸受にはグリースが封入されており，注油の必要はない。

問14 鋼管について，定尺，スケジュール，SGP，STPG，STPTを説明せよ。

答 鋼管は，種類により異なるものもあるが，一般的には5.5mの長さが定尺である。

鋼管のスケジュールとは，ガス管を除いて，鋼管は各呼び径に対して肉厚の異なるものがあり，スケジュール番号で表す。

$$\text{スケジュール番号} = 10 \times \frac{\text{使用圧力 (kgf/cm}^2\text{)}}{\text{許容圧力 (kgf/mm}^2\text{)}}$$

で表され，スケジュール20，30，40，60および80が主に使用される。番号の数字の大きいものほどパイプの肉厚が厚い。「スケハチを使いますか？」などというのは，スケジュール番号80の肉厚の厚いパイプを使うことを意味している。

SGP，STPG，STPTはパイプの種類を表す記号で，下記のような規格を持つ。

記号	パイプの種類	圧力	使用温度	肉厚
SGP	配管用炭素鋼鋼管（ガス管）	10 kgf/cm² まで	-15～350℃	ガス管寸法／肉厚1種類
STPG	圧力配管用炭素鋼鋼管	10～100 kgf/cm²	-15～350℃	スケジュール方式
STPT	高温配管用炭素鋼鋼管	全圧力	350～450℃	スケジュール方式

問15 こし網のメッシュ，ミクロンについて説明せよ。

答 流体中の固形物をろ過分離する際に用いる金網の目開きを示すもので，1インチ（25.4mm）四方中にある「横目数×縦目数」をメッシュとして表すが，船用油こしの金網の場合は平織りであり，縦横同じなので，縦線による目数をいう。

20メッシュといえば，25.4mm中に20の縦線による目数があることをいう。線の材料は60メッシュまでは黄銅線，100メッシュ以上はりん青銅線を使用する。ステンレス鋼線は必要に応じて使用してもよい。

ミクロンとは目開き間隔が 10^{-6}m（μm，マイクロメートル）で表したもの。この数字が小さいほど目開きは細かくなる。メッシュとミクロンはおおよそ下記のような関係になる。

　　100メッシュ ＝ 150ミクロン
　　150メッシュ ＝ 100ミクロン
　　300メッシュ ＝ 50ミクロン

問16 非破壊検査について説明せよ。

答 検査対象品を壊したり傷つけずに現状のままで，割れ，傷，その他の欠陥

を表面または内部まで検査できる利点がある。放射線，磁気，高周波，薬液などを使用する下記の方法がある。
- 放射線透過検査法：物質に放射線を照射すると，放射線の一部は透過し，一部は後方へ散乱する。入射時の放射線の強さを I_0 とすると，透過後の強さ I は

$$I = I_0 \exp(-\mu t)$$

で表される。I が I_0 の半分になるときの t を半価値と呼び，放射線の透過特性を表す一つの尺度となる。透過計測法はこのような放射線の透過特性を利用するものである。放射線を検査品に照射して，その透過量の相違をフィルム面に濃淡により現すことにより，内部の欠陥の有無を検査する。
- 磁気探傷法：磁性を有する金属において，表面または比較的表面に近い欠陥の有無を検査する。磁性物質を磁化した場合，欠陥が磁力線に対して直角にあるとその周囲で磁力線が乱され，物質の表面に現れる原理を用いる。漏洩磁束を検知することにより欠陥の位置を調べる。
- 高周波探傷法：超音波をインパルスの形で出し，これが他端および欠陥で反射される性質を利用し，反射波を検査して，その反射波の強さ，帰ってくるまでの時間，波形などから欠陥の位置や形状を知るものである。
- 液体浸透検査：磁性，非磁性を問わず，また金属，非金属に適用できる。赤く着色した浸透薬液を検査部に塗布して欠陥部に浸透させた後，表面についた薬液を洗浄液にて取り除く。その後，現像液を薄く塗布すると，欠陥があれば浸透薬液が吸い出され，表面に赤くクラックや傷の模様が現れることにより欠陥を知ることができる。また，蛍光を発する液を浸透させた後，紫外線を当てて欠陥部を知る方法もある。

問17 Oリングの規格について説明せよ。

答 Oリングの規格については，日本工業規格 JIS B 2401:(1999) に下記のように定められている。
- 外観：Oリングの表面は，機能上有害な傷，凹凸などがあってはならない。なお，Oリングのばりは機能に悪い影響を及ぼすほど切り落としてあってはならない。

- 材料：材料は合成ゴム，天然ゴムまたは合成樹脂を用い，規定による試験をした場合の規格に適合し，均一性を持つものでなければならない。また漏れを防止しようとする液体や気体を汚染するような物質およびOリングと接触する金属を腐食したり粘り付きを生じるような物質を含んでいてはならない。

Oリングの種類

種類		材料・用途の記号	備考	参考
材料別	1種A	1A	耐鉱物油用で，タイプAデュプロメータ硬さA70のもの	ニトリルゴム相当
	1種B	1B	耐鉱物油用で，タイプAデュプロメータ硬さA90のもの	ニトリルゴム相当
	2種	2	耐ガソリン用	ニトリルゴム相当
	3種	3	耐動植物用	スチレンブタジエンゴムまたはエチレンプロピレンゴム相当
	4種C	4D	耐熱用	シリコーンゴム相当
	4種D	7A	耐熱用	フッ素ゴム相当
用途別	運動用(パッキン)	P		
	固定用(ガスケット)	G		
	真空フランジ用	V		
ISO一般工業用		1A	耐鉱物油用で，タイプAデュプロメータ硬さA70のもので，材料別の種類は1種Aに適合し，形状・寸法はISO3601-1による。	ニトリルゴム相当

運動用Oリングの寸法の例

呼称	内径	太さ	軸径	穴径
P10	9.8	1.9	10	13
P30	29.7	3.5	30	36
P50	49.7	3.5	50	56
P50A	49.6	5.7	50	60
P60	59.6	5.7	60	70

固定用Oリングの寸法の例

呼称	内径	太さ	軸径	穴径
—				
G30	29.4	3.1	30	35
G50	49.4	3.1	50	55
—				
G60	59.4	3.1	60	65

執務一般

14 船舶による環境の汚染の防止

問1 瞬間排出率とは何か。

答 〔記載法令〕海洋汚染等及び海上災害の防止に関する法律
　　　　　　　第4条（船舶からの油の排出の禁止）

問2 特定油とは何か。

答 〔記載法令〕海洋汚染等及び海上災害の防止に関する法律
　　　　　　　第38条（油等の排出の通報等）
　　　〔記載法令〕海洋汚染等及び海上災害の防止に関する法律施行規則
　　　　　　　第29条（特定油）

問3 大量の特定油が排出されたとき、どのような措置を行うか。

答 〔記載法令〕海洋汚染等及び海上災害の防止に関する法律
　　　　　　　第38条（油等の排出の通報等）
　　　　　　　第39条（大量の特定油が排出された場合の防除措置等）

問4 通報しなければならない排出された特定油の濃度と量について述べよ。

答 〔記載法令〕海洋汚染等及び海上災害の防止に関する法律施行規則
　　　　　　　第30条（通報を必要とする油の濃度及び量の基準）

問5 油濁防止管理者とは何か、またその要件を上げよ。

》 226 《

14　船舶による環境の汚染の防止

答　〔記載法令〕海洋汚染等及び海上災害に関する法律
　　　　　　第 6 条（油濁防止管理者）
　　　〔記載法令〕海洋汚染等及び海上災害に関する法律施行規則
　　　　　　第 10 条（油濁防止管理者の要件）

問 6　船で使用する燃料油の硫黄分の濃度について、どのように規定されているか。

答　〔記載法令〕海洋汚染等及び海上災害の防止に関する法律
　　　　　　第 19 条の 2（燃料油の使用等）
　　　〔記載法令〕海洋汚染等及び海上災害の防止に関する法律施行規則
　　　　　　第 11 条の 7（燃料油の使用等）

問 7　油記録簿を備え付けなければならないのは，どのような船か。

答　〔記載法令〕海洋汚染等及び海上災害の防止に関する法律
　　　　　　第 8 条（油記録簿）
　　　　　　第 9 条（適用除外）

問 8　油記録簿に記載すべき事項をあげよ。

答　〔記載法令〕海洋汚染等及び海上災害の防止に関する法律施行規則
　　　　　　第 12 条（油記録簿）

問 9　排出ビルジの油許容含有量はいくらか。

答　〔記載法令〕海洋汚染等及び海上災害の防止に関する法律施行令
　　　　　　第 1 条の 8（船舶からのビルジその他の油の排出基準）

問10　海洋汚染防止証書とは何か。

答　〔記載法令〕海洋汚染等及び海上災害の防止に関する法律
　　　　　　　第19条の37（海洋汚染等防止証書）

問11　油水分離装置についてどのように規定されているか。

答　〔記載法令〕海洋汚染防止設備等，海洋汚染防止緊急措置手引書等及び大気汚染防止検査対象設備に関する技術上の基準等に関する省令
　　　　　　　第5条（油水分離器）

問12　油のついたウエスは船内でどのように処理しなければならないか。

答　〔記載法令〕海洋汚染等及び海上災害の防止に関する法律
　　　　　　　第19条の26（油，有害液体物質等及び廃棄物の焼却の規制）

問13　船内の汚物処理について規定している法律は何か。

答　船内の汚物は廃棄物にあたる。
　〔記載法令〕海洋汚染等及び海上災害の防止に関する法律
　　　　　　　第1条（目的）
　　　　　　　第2条（海洋汚染等及び海上災害の防止）
　　　　　　　第10条（船舶からの廃棄物の排出の禁止）
　　　　　　　第10条の2（ふん尿等による海洋の汚染の防止のための設備）
　〔記載法令〕海洋汚染防止設備等，海洋汚染防止緊急措置手引書等及び大気汚染防止検査対象設備に関する技術上の基準等に関する省令
　　　　　　　第9章（ふん尿等排出防止設備）

15　損傷制御

> **問1**　機関室への浸水時の危急ビルジの排出について述べよ。

答　① 浸水個所や概算浸水量を確認し，機関長，船橋などに至急通報する。
　② 緊急の場合は，海洋汚染等及び海上災害の防止に関する法律に優先して排出を行う。(【参考】参照)
　　GSポンプ，ビルジ・バラストポンプ，主循環水ポンプ，非常用ビルジポンプなど(直接および危急用ビルジ管系)を使用して最大能力でビルジを排出する。
　③ 木栓や楔あるいは防水マットなどを使用して浸水防止作業を実施し，浸水量の減量または阻止を図る。
　④ 発電機の運転状態および浸水に留意し，動力源の確保に努める。他の電気系統で浸水が予想される部分は，前もって電源を切っておく。また，ボイラにまで浸水が及ぶ恐れがある場合は，事前に降圧およびブロー作業を行う。
　⑤ 浸水制御ができなくなればその旨を船橋に連絡し，水密扉の閉鎖および重要書類などの持ち出し，機関室内作業員の全員退避の準備を行う。

【参考】海洋汚染等及び海上災害の防止に関する法律
　　(船舶からの油の排出の禁止)
　　　第4条　何人も，海域において，船舶から油を排出してはならない。ただし，次の各号の一に該当する油の排出については，この限りでない。
　　　　一　船舶の安全を確保し，又は人命を救助するための油の排出
　　　　二　船舶の損傷その他やむを得ない原因により油が排出された場合において引き続く油の排出を防止するための可能な一切の措置をとつたときの当該油の排出

16 船内作業の安全

問1 機関室において作業の安全上留意すべき点について述べよ。

答
- 作業環境を整備する。すなわち，作業場の整理整頓，適当な通風換気や採光，照明の保持，防熱対策などを図る。
- 作業設備器具などの計画的，定期的な点検整備を行う。
- 安全標識などを整備し，安全器具，保護具の整備とその適切な使用を図る。
- 作業計画，準備，方法および作業順序について安全上から検討し，無理や危険な計画，作業命令や他部との連絡の不徹底や誤り，作業要員の配置不適当などのないようにする。
- 作業要員の適性に注意し，不適格者は避けなければならない。すなわち，作業員は知識，技術，経験が十分であり，精神的にも体力的にも不安なく，服装も整っていることが必要である。
- 万一の場合に備え，救急用具や救命具を整備し，これらの使用法を熟知しておく。
- 平素から安全に関する教育を実施し，指導を行う。

17 海事法令および国際条約

17-1 船員法および同施行規則

問1 船員法の趣旨を述べよ。

答 陸上の労働者は労働基準法により労働者としての権利を保護されているが、船員は海上労働の特殊性から船員法という労働法において保護されている。船員は小さな船舶内で一つの運命共同体を作っている。自然という外乱に対抗し、航海を安全に成就するために、船長に対してさまざまな権限を与え、なすべき職務を規定している。また船員に対しても、船内規律として船内での行動に規制を求めている。これらは船員の健康や生命、労働者としての権利を守りながら、船舶やその積荷の安全も守る、すなわち結果としては、航海の安全を期するためのものと解することができる。

問2 発航前の点検とは何か。

答 〔記載法令〕船員法
　　　　　　第8条（発航前の検査）
　〔記載法令〕船員法施行規則
　　　　　　第2条の2（発航前の検査）

問3 航行に関する報告とは何か。

答 〔記載法令〕船員法
　　　　　　第19条（航行に関する報告）

執務一般

> **問4** 非常配置表，操練について説明せよ。

答 〔記載法令〕船員法
　　　　　　第14条の3（非常配置表及び操練）
　　〔記載法令〕船員法施行規則
　　　　　　第3条の4（操練）

> **問5** 船員の労働時間の原則を説明せよ。また，操練と労働時間の関係について説明せよ。

答 〔記載法令〕船員法
　　　　　　第4条（給料及び労働時間）
　　　　　　第60条（労働時間）
　　　　　　第65条の2（労働時間の限度）
　　　　　　第68条（例外規定）

> **問6** 外国船舶に対する検査についてどのように規定されているか。

答 〔記載法令〕船員法
　　　　　　第120条の3（外国船舶の監督）

> **問7** 船員労務官の役目について説明せよ。

答 〔記載法令〕船員法
　　　　　　第105条～第109条（船員労務官）

17-2　船員労働安全衛生規則

問1　安全管理者について説明せよ。

答　〔記載法令〕船員労働安全衛生規則
　　　　　　第1条の2（船長による統括管理）
　　　　　　第2条（安全担当者の選任）
　　　　　　第3条（安全担当者の資格）
　　　　　　第4条（安全担当者の選任の特例）
　　　　　　第5条（安全担当者の業務）
　　　　　　第6条（改善意見の申出等）

問2　安全標識について説明せよ。

答　〔記載法令〕船員労働安全衛生規則
　　　　　　第24条（安全標識等）

問3　清水の積込み，清水，清水タンクの検査について説明せよ。

答　〔記載法令〕船員労働安全衛生規則
　　　　　　第38条（清水の積み込み及び貯蔵）
　　　　　　第40条の2（飲用水の水質検査等）

問4　エンジン修理の際の注意事項について説明せよ。

答　〔記載法令〕船員労働安全衛生規則
　　　　　　第67条（機械類の修理作業）

問5　高所作業について説明せよ。

答　〔記載法令〕船員労働安全衛生規則
　　　　　　第 51 条（高所作業）

問 6　機械の注油を行うのに必要な資格について述べよ。

答　〔記載法令〕船員労働安全衛生規則
　　　　　　第 28 条（経験または技能を要する危険作業）

問 7　溶接・溶断・加熱作業をする場合の注意事項について説明せよ。

答　〔記載法令〕船員労働安全衛生規則
　　　　　　第 48 条（溶接作業，溶断作業及び加熱作業）

問 8　冷蔵庫に関して作業者の安全のためどのような規定があるか述べよ。

答　〔記載法令〕船員労働安全衛生規則
　　　　　　第 21 条（密閉区画からの脱出装置等）
　　　　　　第 63 条（低温状態で行なう作業）

17-3　船舶職員及び小型船舶操縦者法および同施行規則

問 1　船舶職員及び小型船舶操縦者法の目的について述べよ。

答　〔記載法令〕船舶職員及び小型船舶操縦者法
　　　　　　第 1 条（目的）

17 海事法令および国際条約

問2 締約国の資格証明書を受有する外国人職員の乗組みについて述べよ。

答 〔記載法令〕船舶職員及び小型船舶操縦者法
　　　　　　　第23条（締約国の資格証明書を受有する者の特例）

問3 海技士および履歴限定について説明せよ。

答 〔記載法令〕船舶職員及び小型船舶操縦者法
　　　　　　　第4条（海技士の免許）
　　　　　　　第5条（海技士の資格）
　　　〔記載法令〕船舶職員及び小型船舶操縦者法施行規則
　　　　　　　第4条（免許についての限定）
　　　　　　　第4条の2（履歴限定等の解除）

問4 海技免状の有効期間と満了の際の手続きについて説明せよ。

答 〔記載法令〕船舶職員及び小型船舶操縦者法
　　　　　　　第7条の2（海技免状の有効期間）
　　　〔記載法令〕船舶職員及び小型船舶操縦者法施行規則
　　　　　　　第9条の5（海技免状の有効期間の更新）

問5 船舶職員に欠員が出た場合の措置について述べよ。

答 〔記載法令〕船舶職員及び小型船舶操縦者法
　　　　　　　第19条（航海中の欠員）

17-4　海難審判法および同施行規則

問1　海難審判法の目的について述べよ。

答　〔記載法令〕海難審判法
　　　　　第1条（目的）

問2　海難の定義について説明せよ。

答　〔記載法令〕海難審判法
　　　　　第2条（定義）

問3　安全の阻害，運航の阻害について説明せよ。

答　「安全が阻害された」とは，貨物の積付不良のため船が傾いて危険な状態が生じたり，航路内に停泊していたため他船に衝突の危険を生じさせたときなどのように，実際には損傷などは起きなかったけれども運航上の危険が具体的に発生した場合をいう。
　「運航が阻害された」とは，乗組員が不足したため航海を継続することができなくなったとか，砂州などに乗り揚げて船体は無傷であるが航海を継続することができなくなったときなどのように，正常な運航が妨げられる状態が生じたことをいう。

17-5　船舶安全法およびこれに基づく省令

(1)　船舶安全法および同施行規則

問1　製造検査について説明せよ。

17　海事法令および国際条約

答　〔記載法令〕船舶安全法
　　　　　　第6条（製造検査等）
　　　　　　第2条（船舶の所要施設）：製造検査の必要な施設（船体，機関，排水設備）が規定されている条項
　　　　　　第3条（満載吃水線の標示）：製造検査の必要な標示が規定されている条項
　　　〔記載法令〕船舶安全法施行規則
　　　　　　第28条（製造検査）：条項の内容は検査の準備

問2　予備検査においてどのような項目の検査を行っているのか。

答　〔記載法令〕船舶安全法施行規則
　　　　　　第29条（予備検査）
　　　　　　第30条（特殊な設備又は構造に係る準備等）

問3　定期検査の周期，準備事項について述べよ。

答　〔記載法令〕船舶安全法
　　　　　　第10条（船舶検査証書の有効期間）
　　　〔記載法令〕船舶安全法施行規則
　　　　　　第23条（検査の準備）
　　　　　　第24条（定期検査）

問4　定期検査において発電機は何を検査されるか説明せよ。

答　〔記載法令〕船舶安全法施行規則に規定する定期検査等の準備を定める告示
　　　　　　第2条（機関の検査の準備）

問5　電気設備の定検の準備について説明せよ。

執務一般

答　〔記載法令〕船舶安全法施行規則
　　　　　　　　第24条（定期検査）第9項

問6　中間検査の種類と時期について説明せよ。

答　〔記載法令〕船舶安全法施行規則
　　　　　　　　第18条（中間検査）

問7　発電機のシャフトを修理したときの受検の根拠は何か。

答　〔記載法令〕船舶安全法施行規則
　　　　　　　　第19条（臨時検査）

（2）　船舶設備規程，船舶機関規則，船舶消防設備規則など

問1　電気設備を定めている法規名は何か。

答　船舶設備規程の第6編 電気設備に定められている。

問2　発電機の回転軸について求められている規定は何か。

答　〔記載法令〕船舶設備規程
　　　　　　　　第187条（回転軸）

問3　発電機に求められているガバナの規定は何か。

答　〔記載法令〕船舶設備規程
　　　　　　　　第185条・第186条（原動機）

17 海事法令および国際条約

問4 発電機の容量および主電源について述べよ。

答 〔記載法令〕船舶設備規程
　　　　　第183条（発電設備の容量）
　　　　　第183条の2（主電源）

問5 直接ビルジ・危急用ビルジポンプおよび吸引管について、どのように規定されているか。

答 〔記載法令〕船舶機関規則
　　　　　第78条（ビルジポンプ）
　　　　　第80条（機関室のビルジ吸引管）

問6 発電機の温度上昇限度について述べよ。

答 〔記載法令〕船舶設備規程　第190条（温度上昇限度）→第10号表

問7 消火用送水管について、どのように規定されているか。

答 〔記載法令〕船舶消防設備規則　第38条（送水管）

問8 船内の絶縁抵抗について説明せよ。

答 ・定義
　　　〔記載法令〕船舶設備規程　第171条（定義）
　　・発電機
　　　〔記載法令〕船舶設備規定　第194条（絶縁抵抗）
　　・配電盤
　　　〔記載法令〕船舶設備規定　第224条（絶縁抵抗）

- 電路
  〔記載法令〕船舶設備規定　第262条（絶縁抵抗）
- 電熱設備
  〔記載法令〕船舶設備規定　第292条（電熱設備の絶縁抵抗）

問9　配電盤の取扱者の保護について説明せよ。

答　〔記載法令〕船舶設備規定　第212条（取扱者の保護）

17-6　国際条約

問1　SOLAS条約の目的を述べよ。

答　締約政府の条約締結により，画一的な原則及び規則が設定され，海上における人命の安全が増進されることを目的としている。

問2　STCW条約の目的を述べよ。

答　締約政府が設定した，船員の訓練及び資格証明並びに当直に関する国際基準により，船舶に乗り組む船員が，海上における人命及び財産の安全並びに海洋環境の保護の見地から，任務を遂行するのに必要な能力を備えることを確保することを目的としている。

問3　MARPOL条約（海洋汚染防止条約）の目的を述べよ。

答　船舶からの油，その他有害物質，汚水，廃物による意図的な海洋環境の汚染を完全に無くすこと，事故による油その他の有害物質の排出を最少にすること及び，船舶による大気汚染の防止を目的としている。

ISBN978-4-303-44191-3
海技士1・2E口述対策問題集

2011年9月15日 初版発行　　　　　　　　　　　　　© 2011

編　者　海技大学校機関科教室　　　　　　　検印省略
発行者　岡田節夫
発行所　海文堂出版株式会社

　　　　本　社　東京都文京区水道2-5-4（〒112-0005）
　　　　　　　　電話 03(3815)3292　FAX 03(3815)3953
　　　　　　　　http://www.kaibundo.jp/
　　　　支　社　神戸市中央区元町通3-5-10（〒650-0022）
日本書籍出版協会会員・工学書協会会員・自然科学書協会会員

PRINTED IN JAPAN　　　　　　　印刷　田口整版／製本　小野寺製本

JCOPY ＜(社)出版者著作権管理機構　委託出版物＞
本書の無断複写は著作権法上での例外を除き禁じられています。複写される場合は，そのつど事前に，(社)出版者著作権管理機構（電話03-3513-6969，FAX 03-3513-6979, e-mail: info@jcopy.or.jp）の許諾を得てください。

図 書 案 内

海事六法（毎年3月発行）
国土交通省海事局 監修
A5・約2000頁・定価（本体4,800円＋税）

口述試験場に持ち込み可！ 毎年1月末日現在の海事関係法令および条約を精選収録。正確で見やすい。「海技試験」に必要な内容はすべてカバー。実務と勉学に必携。

海技士1E徹底攻略問題集
A5・288頁・定価（本体3,000円＋税）
ISBN978-4-303-45010-6

海技士2E徹底攻略問題集
A5・280頁・定価（本体3,000円＋税）
ISBN978-4-303-45020-5

過去の海技試験に出題された問題と模範解答を、省令で定められた試験科目ごとにまとめて集録。さらに問題内容による分類整理をし、関連性をつかみながら効果的に解き進めることができる。また、すべての問題に出題年月を記した。これにより、解答要領の会得だけでなく、出題事項の重要度・出題傾向を読み取れる。
東京海洋大学海技試験研究会編。

英和 舶用機関用語辞典
商船高専機関英語研究会 編
四六・312頁・定価（本体2,800円＋税）
ISBN978-4-303-30120-0

海技試験学習用はもちろん、実務でも使用できることを目指して、機関英語において使用頻度の高い単語・熟語を約2万項目収録。コンパクトながら、見やすいレイアウト。豊富な熟語の調べやすさは格別。

海事基礎英語
—IMO標準海事通信用語集準拠—（CD付）
大津皓平 監修／髙木直之・内田洋子 共著
A5・196頁・定価（本体2,400円＋税）
ISBN978-4-303-23330-3

STCW条約で習得が義務づけられているSMCPに準拠。豊富な解説と写真・図により、船舶や運用に関する知識・理解を深めることができる。ネイティブ・スピーカーの正しい発音とイントネーションが効率的に身につくCD付き。

舶用ディーゼル機関の基礎と実際
今橋武・沖野敏彦 共著
A5・336頁・定価（本体3,800円＋税）
ISBN978-4-303-30960-2

第1章で全体を概観、第2章で理論的考察を行い、第3章から第14章でガス交換、燃焼、振動、トライボロジー、排気ガス、電子制御、構造と材料、燃料油・潤滑油、補機、運転管理、保守・整備、法規について解説。

船用ボイラの基礎と実際【二訂版】
伊丹良治・西川榮一・梅田雅義 共著
A5・288頁・定価（本体3,800円＋税）
ISBN978-4-303-30561-1

ボイラの概要、基礎、種類と構造、付着品、燃料・燃焼、自動制御、水処理、材料・強度・据付け、取扱いについて、図表を多用して明確に記述。LNG船用主ボイラ、内航船用熱媒油ボイラシステム、PLCも詳述。

表示価格は2011年8月現在のものです。最新の情報はwww.kaibundo.jpをご覧ください。